公共IoT
地域を創るIoT投資

井熊 均・井上岳一・木通秀樹
著

日刊工業新聞社

はじめに

　戦後の世界的な経済発展の時代、あるいは近年の中国の急激な発展の時代、世界中もしくは中国国内で、革新技術が世の中を豊かにするという考え方が強い求心力を持った。しかし、最近では、こうした考え方が社会の信望を低下させている。技術革新が生み出す社会のひずみが、至るところで目につくようになったからだ。

　日本では、産業構造の転換などによる東京圏と地方部の経済格差の拡大に対して、数々の改善策や経済浮揚策が打たれてきた。一定の効果はあったかもしれないが、格差は縮むどころかますます拡大している。

　その大きな理由は、東京圏と地方部が同じような発展のモデルを考えていることにある。東京も地方もグローバル市場に組み込まれている中で、東京が発展し、地方部が続くという国内指向の「雁行モデル」は成り立たない。地方の発展や豊かさづくりのためには、地方の価値観に根差した地方のためのモデルが必要になっている。

　IoT投資には、地方が自らの特性を活かし、自らの価値観で発展していくための基盤をつくる効果がある。さらに言えば、それを日本としての付加価値や競争力の向上に結びつけていくことができる。本書の基本的な理念である。

　これまでも、地方への情報化投資は行われてきた。それが、地方の新たな発展に今ひとつ結びつかなかったのは、情報が生活や産業活動の基盤であるモノと結びつかなかったからである。モノと結びつくIoTは、地方の生活、産業基盤を変革し、新たな発展の礎となり得る。

　本書は、こうした理解に基づき、まず第1章で、AI/IoTに関する国内外の政策の動向を整理し、第2章では格差の構造に触れた上で、IoTを使った地域振興の事例を紹介する。第3章では10個の分野を取り上げ、そこで起こっている問題と、問題を解決するためのIoTのモデル、IoT投資による効

果、必要となるコストなどについて検討した。本書の中核とも言える章である。第4章では、第3章で取り上げたモデルを念頭に、IoTシステムを公的な事業として整備するための方策を提案している。

　本書が地方のIoT投資の拡大にわずかでも貢献することができれば、筆者として大きな喜びである。

　本書の執筆に当たっては、日刊工業新聞社の矢島俊克氏に企画段階からご支援いただいた。この場を借りて厚く御礼申し上げる。本書は、株式会社日本総合研究所創発戦略センターの井上岳一さん、木通秀樹さんとの共同執筆である。多忙の中、執筆に当たっていただいたことに厚く御礼申し上げる。最後に、筆者の日頃の活動にご支援いただいている株式会社日本総合研究所に厚く御礼申し上げる。

2018年　晩秋
井熊　均

公共IoT
地域を創るIoT投資

目　次

第1章

日本の成長基盤となるSociety5.0

1　「未来投資戦略2017」の背景・8

少子高齢化で縮む国内市場／AI/IoTで先行する米国／中国の脅威／インダストリー4.0で存在感を示すドイツ／インダストリー4.0のインパクト／次世代に向けた戦略が問われる日本／第4次産業革命に活路を見出した日本

2　Society5.0の現状・17

Society5.0とは何か／5つの戦略分野／Society5.0の課題

第2章

新たな成長モデルへの岐路

1　AI/IoTが直面する成長モデルの岐路・28

世界に蔓延する反グローバル化の動き／広がった地域間の格差／格差を拡大した技術革新の歴史／強大化する企業の位置づけ／格差を助長するIT／容易ではないAI時代の付加価値人材育

成／求められる生活環境づくりのAI/IoT政策

2 AI/IoTによる次世代の成長モデル・36
マイクロファイナンスの成功が示唆する次世代の成長モデル／世界中で進む地域へのAI/IoT投資／先行するグーグル／モビリティサービスから街づくりに／中国で始まるAI/IoT都市づくり／公共参加によるAI/IoT導入の広がりを

第3章

公共IoT：Society5.0の地域モデル

1 公共IoTモデル10・44
① 教育IoT・44
② 介護サービスIoT・54
③ 地域医療IoT・64
④ 防災IoT（集中豪雨）・72
⑤ 上水道IoT・80
⑥ 廃棄物IoT・90
⑦ インフラ管理IoT（橋梁、トンネル、道路）・100
⑧ 施設運営IoT（学校運営）・110
⑨ 農業IoT（獣害対策）・120
⑩ 観光サービスIoT（魚食観光）・130

2 公共IoTの効果とコスト・138
注目される4つの分野／効率化以上に大きな投資リターン

第4章 公共IoTの実現プロセス

1 公共IoTの事業モデル・144
欠かせない官民協働／公共ITの反省／実現に向けたKPIを／民間の上流工程への巻き込み／英国に学ぶ／新たな3セクの背景

2 公共IoTの立ち上げプロセス・153
第1段階：サービスの理念やコンセプトの設定／第2段階：サービスモデルの設定／第3段階：IoTシステムの企画／第4段階：事業計画／第5段階：システムの要件定義／第6段階：システムの開発・整備・運営

3 公共IoTにおける官民の役割分担・158
第1～6段階で担う自治体の役割／AI/IoT時代の自治体の役割／官民協働の3つのパターン／入札制度の問題点／現行制度の柔軟解釈が前提／公共IoTのクラウド整備

4 日本が主導する公共IoT市場・170
AI/IoTの2つの方向性／公共IoTの日本の蓄積／信頼を商品に／信頼が拓く新たな市場

第 1 章

日本の成長基盤となる
Society5.0

1 「未来投資戦略2017」の背景

少子高齢化で縮む国内市場

　日本は2010年代に入って、本格的な人口減少局面に入った。1990年代後半から生産年齢人口は減っていたが、2010年代に入ってからは総人口が減り始めている。国立社会保障・人口問題研究所の長期予測によると、2100年の日本の人口は、頑張って出生率を取り戻したとしても6,485万人（高位推計）にとどまる。今の3大都市圏の居住人口にほぼ等しい。現在の趨勢をベースにした中位推計では4,959万人と明治時代末頃の人口規模、低位推計では3,795万人と明治維新直後と大差ない人口規模に陥る（図1-1）。

　経済は人口の関数だから、人口が減れば経済規模は縮む。明治維新以後の日本の急激な経済成長も海外諸国の経済成長も、人口増に支えられた部分が大きいから、今後の人口の急減は、日本の経済規模を急速に縮める可能性がある。その一方で、アジアを中心とした新興国では人口も1人当たり経済規模も増えるので、世界における日本の相対的な位置づけは確実に下がる。

　高齢化も急速に進行している。2015年の時点で、65歳以上人口の割合はすでに26％と世界に例を見ない高さとなっている。団塊の世代が後期高齢者となる2025年には、75歳以上の人口比率が世界一となる見込みだ。ただし、高齢者の絶対数は2020年頃に頭打ちとなる。少子化と人口減少により、高齢者ですら絶対数が減り、高齢化率だけが上昇するのがこれからの日本社会の構図である。1970年代から農山村では過疎化が問題となったが、人口減少と高齢化の同時進行は、まさに過疎地の経てきた道だ。2065年には日本全体の高齢化率が40％近くになるが、過疎に悩む山村（振興山村）の2010年時点の平均の高齢化率が34％だから、40％という高齢化率がいかに大変なものかがわかる。

　高齢化は医療費や介護費を増大させる一方で、労働人口の減少で経済の規模が縮めば税収も減る。現役世代にとっては、厳しい財政事情の中で、どこ

第 1 章 日本の成長基盤となる Society5.0

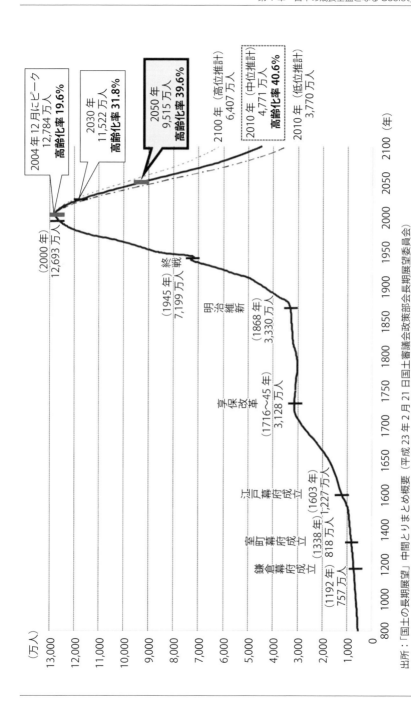

図 1-1 人口の長期予測

出所:「国土の長期展望」中間とりまとめ概要(平成 23 年 2 月 21 日国土審議会政策部会長期展望委員会)

まで高齢者を支えることができるかが不明な上、自分の老後はどうなるのかという不安も募る。老後への不安が募ると貯蓄に努めるようになり消費が伸び悩むため、一層経済が緊縮するという負のスパイラルに陥る。経済が成長するためには、将来に向けた希望や安心が必要だが、人口減少と高齢化が進む日本で希望や安心感を持つのは容易ではない。

AI/IoTで先行する米国

　人口減少・高齢化は、日本が他国に先行して直面する第1のメガトレンドだ。第2のメガトレンドは、世界中が直面している技術革新、特にAI（Artificial Intelligence：人工知能）/IoT（Internet of Things：モノのインターネット）の進展と国際的なパワーバランスの変化だ。

　米国は世界のAI/IoT化の動きを牽引してきた。トランプ大統領が誕生してから、世界のリーダーとしての地位の低下が懸念されるようになったが、AI/IoT分野での圧倒的な強さは変わらない。ここまでのデジタル時代を制したGAFA（グーグル、アップル、フェイスブック、アマゾンの頭文字を集めた呼称）の勢いはとどまるところを知らないが、先行して蓄積した膨大なデータをAIに注ぎ込めば、彼らの覇権はちょっとやそっとでは揺らがない。

　プライスウォーターハウスクーパースグループの戦略コンサルティング会社ストラテジーアンドは、研究開発（R＆D）の世界の上場企業のトップ1,000社を発表しているが、2017年の1位は米アマゾン・ドット・コムの161億ドル（約1兆8,000億円）だ。ソフトウェア・インターネット企業が1位になるのは2005年の調査開始以来初めてで、2位は米アルファベット（グーグルの持ち株会社）の139億ドル（1兆5,540億円）、3位は米インテルの127億ドル（1兆4,200億円）とIT系企業が続く。日本企業では、投資額93億ドル（1兆400億円）のトヨタが11位に入ったのが最高だ。今やR＆Dの最大の投資元はIT企業なのである。米国では、IT系企業をTech企業と呼ぶが、Tech企業の巨人たちの最大の投資先がAIだ。

　R＆Dの巨人たちの下には世界中から優秀な科学者やエンジニア、データサイエンティストたちが集まる。AI分野の人材の層の厚さでも、IT企業が

集積する米国が群を抜いている。

AIと密接に関わるIoTの分野でも、米国は先端を走っている。代表的事例として取り上げられるのが、2012年から「インダストリアル・インターネット」を標榜し、「インダストリアル・インターネット・コンソーシアム」を立ち上げ、官民協働でIoTを推進してきた米ゼネラル・エレクトリック（GE）だ。GE以外にも、農業、製造、コンテンツ、サービス、ライフサイエンス、エネルギー、インフラなどの分野で、米国では多くの企業がIoTの導入を進めている。

日本では、コマツ、ファナック、日立製作所などがIoTの取り組みで世界をリードできるポジションにいるが、産業界全体として見ると米国に完全に遅れを取っている。AI/IoTは企業の垣根を超えたバリューチェーンとしての価値がモノを言うから、産業界としての遅れを取り返すのは容易ではない。

中国の脅威

その米国が一番脅威を感じているのが中国だ。中国には米国のGAFAに相当するIT業界の巨人＝BAT（バイドゥ、アリババ、テンセントの頭文字を集めた呼称）がいる。BATは、AIの開発に注力するだけでなく、AI/IoTを活かした都市づくりに参加するなど、中国ならではの官民連携の強みを発揮しつつある。

中国にはBAT以外にも実力のあるIT系企業がひしめいている。スマホを使ったサービスは日本よりずっと進んでいるし、ファーウェイのような世界的通信機器メーカーもある。

AI/IoTに関する政府の方針も明確だ。2015年5月には「中国製造2025（メイドインチャイナ2025）」を発表し、2025年までに世界の製造強国入りを果たし、2045年までに製造強国のトップになるという野心的な計画を示した。労働集約型の製造業から、技術集約型・知識集約型の製造業に転換するために、2025年までに製造業のバリューチェーンにAIを導入し、製造業とインターネット（AI、クラウド）を融合する、という目標を掲げている。

さらに、2017年7月には「次世代AI発展計画」を発表し、AIの技術革新

を通じて世界の科学技術大国となり、AIによる経済成長のサイクルをつくって生活福祉や国家安全保障の向上を図ると宣言している。

米国は、こうした中国の政策に脅威を感じ、貿易戦争を仕掛け、「中国製造2025（メイドインチャイナ2025）」を減速させようとしている。

IoTの時代には、モノ（T）に強みを持つ日本企業が優位に立てる可能性もある。しかし、現実を見ると、すでに米中の2大IT強国の背中が遠のいているが、希望的な観測が語られてきた。特に、IoTに知能を与えるAIの分野での遅れが目立つ。個別には、プリファードネットワークスのような世界に通用するAIベンチャーもあるが、AI分野全体で見ると、企業、人材ともに不足し、米中に比べAI後進国となっている。

インダストリー4.0で存在感を示すドイツ

AI/IoTの官民挙げての取り組みで嚆矢となったのはドイツである。日本同様、モノづくりを強みとしてきたドイツだが、世界一高い労働コストと、中小・中堅企業が多い業界構造を抱え、生産性の向上が課題となっていた。そのドイツが、日本のトヨタ生産方式や米国のリーン生産方式に対抗できるモノづくりを追求した末にたどり着いたのが、「工業のデジタル化」だった。生産工程のデジタル化・自動化・バーチャル化のレベルを高め、スマートファクトリー（＝自ら考える工場）を開発することで、コストの極小化を目指すという戦略だ。

こうした戦略は、2000年代中頃から練り上げられてきた。きっかけとなったのは、独連邦教育研究省が2005年に発表した「2020年のハイテクノロジー戦略」である。ここで初めて生産プロセスのデジタル化の必要性が指摘され、2009年に発表された「統合システムに関する国家ロードマップ2009」では、連邦政府主導で学際的な大規模プロジェクトを実施し、企業間連携や標準化を進めることの必要性が指摘された。2011年には、経済界、連邦政府、学界の代表が共同声明を発表し、「工業のデジタル化」を「インダストリー4.0」というコンセプトで表現し、官民一体での実現を目指した研究開発プロジェクトを推進することが宣言された。

日本で「第4次産業革命」と訳される「インダストリー4.0」は21世紀の

産業革命を目指す戦略だ。「第4次」と言われるのは、第1次産業革命（18〜19世紀に英国で始まった蒸気機関などを使った機械による人力の代替）、第2次産業革命（20世紀の米国で始まった電力を使った大量生産方式の導入）、第3次産業革命（1970年代に始まった電子技術導入による生産工程の部分的自動化）に続く生産性革命を目指しているからだ。

「インダストリー4.0」立案の立役者となったのは、ドイツのソフトウェア会社トップのSAPである。2013年には、電子機器メーカーのシーメンス、自動車部品など機械メーカーのロベルト・ボッシュ、自動車メーカーのフォルクスワーゲン、通信のドイツテレコムなどが加わり、ドイツを代表する企業と官学の諸団体からなる産官学のプラットフォーム「インダストリー4.0プラットフォーム」が発足し、インダストリー4.0を官民一体で強力に推進する体制が築かれた。

インダストリー4.0のインパクト

2020年までの完成を目指すインダストリー4.0が実現すると、何が変わるのだろうか。

ドイツはすでに自動車産業や機械産業でソフトウェアを多用した自動生産方式を導入してきた。インダストリー4.0は、これをもう一歩進め、IoTをベースとした生産方式に進化させる。サイバー・システムと物理的なシステムの融合体（CPS＝Cyber Physical System）で、センサーや自ら考えるソフトウェア、機械・部品の情報蓄積能力、相互コミュニケーション能力によって、工場自体が自らを監視し決定する能力を身につけ、すべての生産工程がリアルタイムで最適化されるようになる。

それは「中央集権型」の工場から、「分散処理型」の工場への移行でもある。生産プロセスの末端で故障や異状が起きた場合、全体を統括する責任者が状況を把握して対策を取るのではなく、機械や部品自身が情報を持つようになるため、末端での状況把握や対策が可能となり生産性が大きく改善するという。

生産性の改善は、エネルギーの使用量を抑制して二酸化炭素排出量を極小化する。環境先進国でもあるドイツらしく、インダストリー4.0は生産性と

環境を両睨みで展開されることになる。

　重要なのは、インダストリー4.0が、大企業の1つの工場の中の閉じたシステムではなく、ドイツの製造業の7～8割を占める社員500人以下のミッテルシュタント（中堅・中小企業）を横断的につなぐことを想定している点だ。日本のシステムが系列に閉じがちであることを考えると、製造業全体を包含する「開かれたIoT」は脅威に映る。2011年のインダストリー4.0宣言では、製造業を対象に2020年までの完成が目標とされているが、「モノのインターネット」から「サービスのインターネット」への進化も構想されている。製造業にとどまらず、産業全体のデジタル化がインダストリー4.0の最終ゴールとも言える。

　理想どおり「開かれたIoT」が実現されれば、個別カスタマイズと大量生産の両立（＝マス・カスタマイゼーション）が可能となり、生産コストの低減と高付加価値化が両立できるようになる。20世紀型のマス・プロダクションから、21世紀型のマス・カスタマイゼーションへ脱皮し、製造業としてのさらなる飛躍を目指すのがインダストリー4.0でもある。

次世代に向けた戦略が問われる日本

　ドイツがインダストリー4.0を宣言した2011年、日本は東日本大震災に揺れた。GEがインダストリアル・インターネットを打ち出したのは2012年だ。日本は1000年に一度の大震災からの復興が最大の関心事となり、AI/IoT化のメガトレンドもほとんど話題になることはなかった。

　2012年12月に発足した第2次安倍政権は、長引くデフレ・人口減少・高齢化という三重苦から脱却するため、金融政策・財政政策・成長戦略の「3本の矢」からなる「アベノミクス」の実行を宣言し、「異次元の金融緩和」（金融政策）と「緊急経済対策」（財政政策）に続いて、3本目の矢である成長戦略「日本再興戦略」を発表した（2013年6月）。このころの成長戦略の重点は、農業、医療、エネルギーなどでの岩盤規制への切り込み（その突破口となるために国家戦略特区制度が創設された）、法人税改革、女性活躍、ベンチャーによるイノベーションなどだったが、未来感や新味に欠けた感は否めない。「本来の日本の強さを取り戻すために障害を取り除く」ことが成

長につながるというこの時期の認識が、副題の「Japan is Back」にも現れている。市場創造のテーマとして「健康寿命の延伸」「クリーン・経済的なエネルギー需給」「安全・便利で経済的な次世代インフラ」「世界を惹きつける地域資源で稼ぐ地域社会」が掲げられたが、ドイツや米国のようなAI/IoTによる新たな産業像は描かれていない。

日本再興戦略は2014年、2015年、2016年と改訂されたが、潮目が変わったのは、2015年に「アベノミクス第2ステージ」が宣言されるようになってからだ。

2015年6月に閣議決定された「日本再興戦略　改訂2015」では、「未来への投資・生産性革命」が副題とされた。「ビジネスや社会の在り方そのものを根底から揺るがす、『第4次産業革命』とも呼ぶべき大変革が着実に進みつつある。IoT・ビッグデータ・人工知能時代の到来である」と、「第4次産業革命」の到来を宣言した上で、「やや出遅れがちのわが国に試行錯誤をする余裕はない」(以上、引用は「日本再興戦略　改訂2015」)と「第4次産業革命」に向けての強い意欲が示されたものの具体的な戦略・施策は明示されなかった。この時期、政府は「第4次産業革命」がどのようなインパクトをもたらすかを測りかねていた感がある。

第4次産業革命に活路を見出した日本

具体的な動きが出てきたのは2015年の秋からだ。10月には、慶應義塾大学の村井純、日本電気の鵜浦博夫、日立製作所の中西宏明が発起人となり、IoT推進の産官学連携のプラットフォームを標榜する「IoT推進コンソーシアム」が設立された。

さらに11月の「未来投資に向けた官民対話」では、「第4次産業革命」が議題となり、安倍総理が、「世界に先駆けた第4次産業革命」の実現を宣言。「2020年のオリンピック・パラリンピックまでの自動運転の実現」「3年以内のドローンを使った荷物配送の実現」「ドローンや建機を遠隔操作し、データ活用するための周波数帯の拡大などの電波利用の制度整備(1年以内)」「3年以内の人工知能を活用した医療診断支援システムの実現」を目指し、政府として投資することを約束した。事実上の「第4次産業革命宣言」である。

ドイツの「インダストリー4.0宣言」に遅れること4年だが、これを境に、「第4次産業革命」の実現に向けた動きが本格化した。

　翌2016年6月の「日本再興戦略　改訂2016」は、副題が「第4次産業革命に向けて」とされ、「第4次産業革命の実現」が最大のテーマとなった。「戦後最大の名目GDP600兆円」という目標を実現するには生産性革命が不可欠で、その「最大の鍵」が、「IoT、ビッグデータ、人工知能、ロボット・センサーの技術的ブレークスルーを活用する『第4次産業革命』である」とされ、「第4次産業革命」が成長のための必須要素であることが明確にされた（以上、引用は「日本再興戦略　改訂2016」）。

　「革命」には痛みも伴う。「社会的課題を解決し、消費者の潜在的ニーズを呼び起こし、新たなビジネスを創出する」第4次産業革命は、既存の社会システム、産業構造、就業構造を一変させる可能性もある。第4次産業革命は、人口減少など日本が直面する問題に打ち勝つチャンスである一方で、「中間層が崩壊するピンチにもなり得るもの」なのだ。だからと言って手をこまねいていては、「海外のプラットフォームの下請け」になってしまう。第4次産業革命の実現に舵を切るほかない。これが「日本再興戦略　改訂2016」のメッセージである（引用は、同上）。

　2013年の発表後、3度の改訂を経た「日本再興戦略」は、「再興」の名のとおり、未来より過去や現在に目線がある。そのため社会を一変させ、一新させる第4次産業革命が目標となったことで名称がそぐわなくなった。

　先進国共通の長期停滞から脱却するためには革新技術が欠かせないから、必要なのは「再興」ではなく「未来への投資」である。そうした認識から、2017年6月に出された成長戦略は「未来投資戦略」と名づけられ、副題は「Society 5.0の実現に向けた改革」とされた。

　これにより、2016年段階で「第4次産業革命の実現」だった成長戦略の目標は、2017年に「Society5.0の実現」へと変わった。2018年6月の「未来投資戦略2018」の副題も「『Society 5.0』『データ駆動型社会』への変革」であり、「Society 5.0」が共通言語となっている。次節では、Society5.0と第4次産業革命の関係を見てみよう。

2

Society5.0の現状

Society5.0とは何か

　Society5.0を政策的な言葉として初めて位置づけたのは、2016年1月に閣議決定された「第5期科学技術基本計画」である。「科学技術基本計画」は、科学技術基本法（1995年制定）に基づき政府が策定する5年間の科学技術の振興に関する計画で、第5期計画は、2014年5月に改組・発足した総合科学技術・イノベーション会議（CSTI）が策定した初めての科学技術基本計画である。CSTIでは、第5期計画を、日本を「世界で最もイノベーションに適した国」へと導くために、「政府、学界、産業界、国民といった幅広い関係者がともに実行する計画」と位置づけている。

　第5期科学技術基本計画（以下、第5期計画）を検討する過程で、CSTIは、サイバー空間とフィジカル空間（現実社会）が高度に融合した「超スマート社会」の実現を目標とするようになった。これを未来の姿として一連の取り組みを進めるための言葉として登場したのが「Society 5.0」である。

　Society5.0には、狩猟社会（Society1.0）、農耕社会（Society2.0）、工業社会（Society3.0）、情報社会（Society4.0）に続く新たな社会を生み出す変革を科学技術イノベーションが先導する、という意味が込められている。第5期計画は、Society5.0を「必要なもの・サービスを、必要な人に、必要な時に、必要なだけ提供し、社会の様々なニーズにきめ細かに対応でき、あらゆる人が質の高いサービスを受けられ、年齢、性別、地域、言語といった様々な違いを乗り越え、活き活きと快適に暮らすことのできる社会」と定義している。

　第4次産業革命ではなく、あえてSociety5.0という言葉を持ち出したのは、ドイツや米国の取り組みに促される形で日本が目標とした第4次産業革命が、モノづくり分野を中心とした取り組みに限定されている印象を与えるからだ。第4次産業革命の核心であるIoTを、モノづくりのみならずさまざ

まな分野に広げ、「経済成長や健康長寿社会の形成、さらには社会変革につなげ」「科学技術の成果のあらゆる分野や領域への浸透を促し、ビジネス力の強化、サービスの質の向上につなげていく」（以上、引用は「第5期計画」）には、第4次産業革命より広いコンセプトが必要だったのである。

　第5期計画では、Society5.0の実現には、「様々な『もの』がネットワークを介してつながり、それらが高度にシステム化されるとともに、複数の異なるシステムを連携協調させることが必要」で、それが実現すると「多種多様なデータを収集・解析し、連携協調したシステム間で横断的に活用できるようになることで、新しい価値やサービスが次々と生まれてくる」として（以上、引用は同上）、サイバーセキュリティ、IoTシステム構築、ビッグデータ解析、AI、デバイスなどの基盤技術を強化していく方針を示している。

　第5期計画を受け、2016年6月に閣議決定された「日本再興戦略　改訂2016」には、「第4次産業革命の推進に当たっては、総合科学技術・イノベーション会議におけるSociety 5.0の基本方針の検討と連携しつつ進める」とのSociety5.0に関する言及がある。ただし、この段階では、Society5.0のコンセプトを紹介するにとどまっている。2016年度までは、第4次産業革命に重きが置かれていたことの現れだ。

　それが、「未来投資戦略2017」（2017年6月閣議決定）になると、先進国に共通する長期停滞を打破する鍵は、「近年急激に起きている第4次産業革命（IoT、ビッグデータ、人工知能（AI）、ロボット、シェアリングエコノミーなど）のイノベーションを、あらゆる産業や社会生活に取り入れることにより、様々な社会課題を解決する『Society 5.0』を実現することにある」と、Society5.0の実現こそが成長戦略であると位置づけられるようになったのである。

5つの戦略分野

　「未来投資戦略2017」によれば、「先端技術をあらゆる産業や社会生活に取り入れ、『必要なもの・サービスを、必要な人に、必要な時に、必要なだけ提供する』ことにより、様々な社会課題を解決」するのがSociety5.0である。「未来投資戦略」は、これを実現するための政府の投資戦略を示したも

のだが、限られた予算を効果的に使うため、わが国の強みを活かせる分野か、国内外で成長が見込まれる分野か、課題先進国のモデルケースとして世界にアピールできる分野か、という観点から5つの「戦略分野」を選定している。具体的には、「健康寿命の延伸」「移動革命の実現」「サプライチェーンの次世代化」「快適なインフラ・まちづくり」「FinTech」の5つである。「未来投資戦略2017」では、それぞれ表1-1のとおり説明されている。

これら5つの戦略分野に加え、「データ利活用基盤・制度構築」「教育・人材力の抜本強化」「イノベーション・ベンチャーを生み出す好循環システム」「規制の『サンドボックス』の創設」「規制改革・行政手続き簡素化・IT化の一体的推進」「『稼ぐ力』の強化（コーポレートガバナンス改革）」「公的サービス・資産の民間開放」「国家戦略特区の加速的推進」「サイバーセキュリティ」「シェアリングエコノミー」の10の「横割課題」への注力を通じて、Society5.0を実現するというのが、「未来投資戦略2017」の基本戦略である。

なお、「未来投資戦略2017」は、Society5.0を実現するための産業を総称して「Connected Industries」と名づけている。「Connected Industries」という言葉は、これ以降多用されるが具体的な定義はされず、「モノとモノ、人と機械・システム、人と技術、異なる産業に属する企業と企業、世代を超えた人と人、製造者と消費者など、さまざまなものをつなげるConnected Industriesを実現していかなければならない」と言及されるにとどまっている。「Connected Industries」に位置づけられる特定の産業があるわけでなく、つながることを志向する企業や産業を総称する言葉ととらえた方がよさそうだ。

2018年6月に発表された「未来投資戦略2018」は「未来投資戦略2017」を再構成・再編集した感が強い。「戦略分野」が「フラッグシッププロジェクト」と読み替えられるなど、表現方法こそ変わっているが、内容的に大きく異なるものではない。ただし、この間に成立・施行され、データの共有・連携制度が創設された生産性向上特別措置法の影響が色濃く、「データ」を経済の新しい「糧」と位置づけるなど、「データ」に関する記述が強調されている。副題が「『Society5.0』『データ駆動型社会』への変革」とされているのも、生産性向上特別措置法の成立を受けてである。「未来投資戦略

表1-1 「未来投資戦略2017」―抜粋―

> 健康寿命の延伸：
> ◇我が国は、グローバルにも突出して高齢化社会を迎えることとなる一方で、国民皆保険制度や介護保険制度の下でデータが豊富にある。
>> ⇒健康管理と病気・介護予防、自立支援に軸足を置いた、「新しい健康・医療・介護システム」を構築することにより、健康寿命を更に延伸し、世界に先駆けて生涯現役社会を実現させる。

> 移動革命の実現：
> ◇物流の人手不足や地域の高齢者の移動手段の欠如といった社会課題に直面している一方で、日本のモノづくりではAI・データとハードウェアのすり合わせに強みがあり、自動車の走行データを大量に取ることができる。
>> ⇒物流効率化と移動サービスの高度化を進め、交通事故の減少、地域の人手不足や移動弱者の解消につなげることにより、一人ひとりの生活の活動の範囲や機会を広げていく。

> サプライチェーンの次世代化：
> ◇カンバン・システムなど従前から先駆的な取り組みがなされていたほか、綿密な「すり合わせ」力は我が国特有の強みであることに加え、工場のデータ、コンビニを中心とした流通のデータも豊富である。
>> ⇒個々の顧客・消費者のニーズに即した革新的な製品・サービスを創出することなどを可能にしていく。

> 快適なインフラ・まちづくり：
> ◇熟練労働者の高齢化や人手不足が顕著である一方、オリンピック・パラリンピック関連施設の建設や老朽施設の更新、防災対策といった大きなニーズがある。競争力のある建設機械とデータの融合によるサービスが売りとなる可能性を秘めている。
>> ⇒人手不足や費用の高騰に悩むことなく、効率性と安全性を両立させ、安定した維持管理・更新を浸透させていく。

> FinTech：
> ◇先進国に比べていまだに現金取引比率が高く、また中小企業のIT活用も限定的であることから、FinTech導入による大きな効果が期待できる。
>> ⇒利用者にとっての金融関連サービスの利便性を飛躍的に向上させるとともに、企業の資金調達力や生産性・収益力の抜本的向上につなげていく。

2017」の段階では、Society5.0の経済システムでは価値の源泉がデータに移るなど、データの重要性は随所で指摘されているが、「データ駆動型社会」というデータファースト的な表現はない。

Society5.0の課題

　第4次産業革命がもたらす革新技術をあらゆる産業や社会生活に取り入れ、必要なモノ・サービスを、必要な人に、必要な時に、必要なだけ提供することによって、さまざまな社会課題を解決していこうとするSociety5.0のコンセプトに何ら異論はない。これからの日本が向かうべき方向性として十分に納得できるものだ。

　ただし、200ページ近い大部である「未来投資戦略2017」を読んでも、産業や制度の視点からの記述が中心となっており、Society5.0が実現したときに私たちの暮らしがどう変わるのかがイメージできない。また、大都市・大企業向けの戦略としてはイメージしやすいが、地方の産業や地方の暮らしを思い浮かべたときに、つながりを見出しにくい面もある。

　社会課題は、人口減少と高齢化が進む地方にこそ先鋭的に現れている。地方に生きる人たちは、これ以上人口減少が進んだら、地域の暮らしを維持できなくなるという強い危機感を抱いている。そうした具体的な危機感を持つ人たちに対し、「未来投資戦略2017」が希望を抱かせるような内容になり得ているかと言えば、弱いと言わざるを得ない。

　これらの点は政府も認識していたようで、1年後に閣議決定された「未来投資戦略2018」では、全体のボリュームを減らし、構成をシンプルにするとともに、Society5.0が実現すると生活や社会がどのように変わるのかを説明する部分を冒頭に持ってくるなど、できるだけイメージがわきやすく、伝わりやすいものにしようとした工夫の跡が窺える。

　冒頭の説明では、「『生活』『産業』が変わる」「経済活動の『糧』が変わる」「『行政』『インフラ』が変わる」「『地域』『コミュニティ』『中小企業』が変わる」「『人材』が変わる」という5つの切り口から、Society5.0による生活と社会の変化が描かれている。「未来投資戦略2017」では影の薄かった「生活」「地域」「コミュニティ」「中小企業」という言葉が強調されているのは、

Society5.0は決して大企業・大都市だけをイメージした戦略ではないということを伝えたかったからであろう。

　もっとも、**表1-2**の「『地域』『コミュニティ』『中小企業』が変わる」の部分の記述を見てもわかる通り、「未来投資戦略2018」に描かれているのは、技術やサービスの断片で、それが全体としてどのような仕組みになるのかまではわからない。主語もなく、誰のどのような課題が解決されるのかも明確ではない。

　ただ、そこまでを国に描くことを求めるのは筋違いかもしれない。地域が抱える課題を解決する一義的な主体は自治体であるからだ。AI/IoTを活用し、地域が抱える課題を解決して地域を持続可能にするのが、地域レベルでのSociety5.0の実現にほかならない。そのためには、地域が抱える課題から出発し、1つひとつ課題を克服するシステムを具体的に構想していくしかない。逆説的かもしれないが、具体に踏み込まない「未来投資戦略2018」が示唆するのは、地域のSociety5.0は、地域が構想・実現していくしかないという現実である（**図1-2〜1-4**）。

表1-2 「未来投資戦略2018」―抜粋―

> ➢「地域」「コミュニティ」「中小企業」が変わる

　自動走行を含めた便利な移動・物流サービス、オンライン医療やIoTを活用した見守りサービスなどにより、人口減少下の地域でも、高齢者も含め利便性の高い生活を実現し、地域コミュニテイの活力を高める。

　豊富なデータと、5Gなどの高速大容量の通信回線などの活用により、地域でも日本中・世界中の知識集約型の企業や大学・研究機関とコラボレーションが可能となり、町工場も世界とつながり、地域発のイノベーションと付加価値の高い雇用の場が拡大する。

　日本の豊かな観光資源に加え、豊富なリアルデータや多言語音声翻訳技術などを活用した外国人観光客に対する多様なサービスの提供により、地域での交流人口の拡大と消費拡大が実現する。

　データ連携やIoT、3Dプリンターなどを活用して、顧客の多様なニーズに対応する多品種少量生産が可能となり、高い現場力を有し、小回りの利く中小企業ならではの新たな市場獲得のチャンスが生まれる。また、AI／IoT、ロボットの活用によるバリュチェーン全体の高付加価値化により、「稼げる」農林水産業が、若者にとって魅力ある雇用の場を提供する。

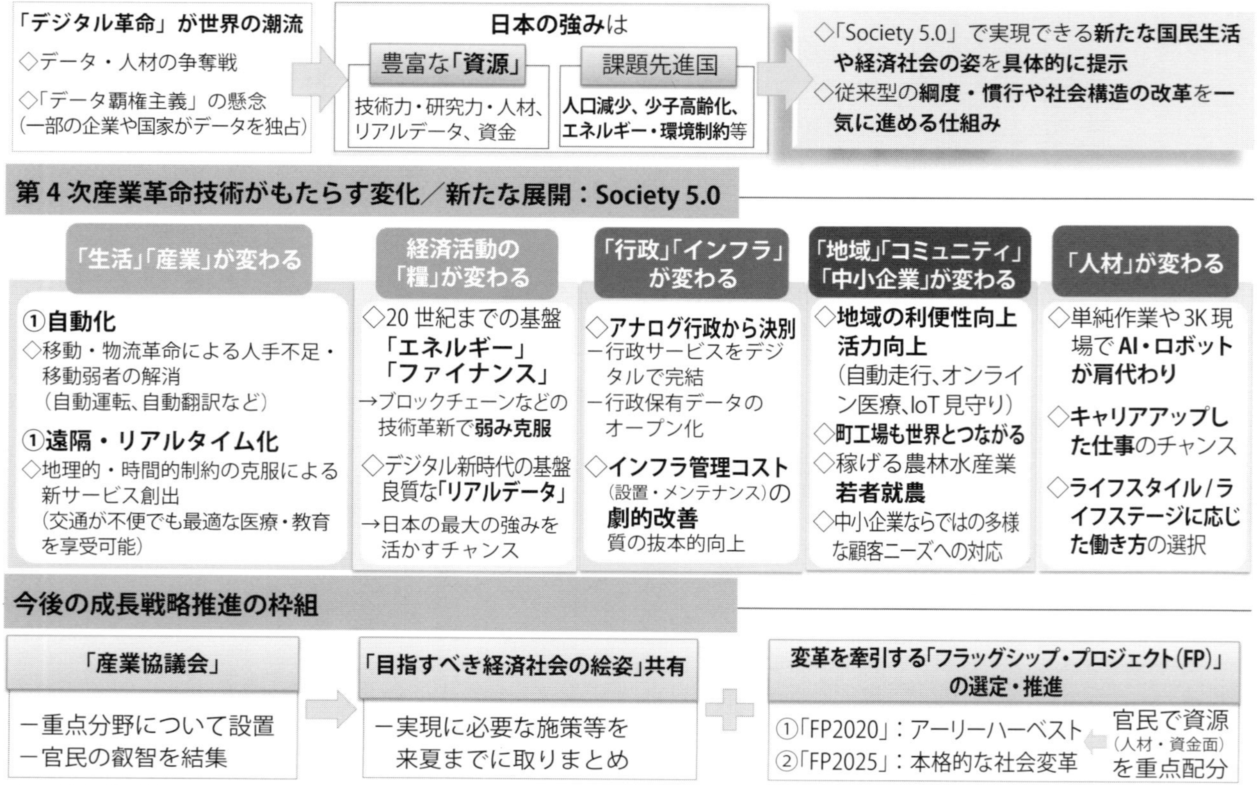

「デジタル革命」が世界の潮流

◇データ・人材の争奪戦
◇「データ覇権主義」の懸念
（一部の企業や国家がデータを独占）

日本の強みは

豊富な「資源」
技術力・研究力・人材、リアルデータ、資金

課題先進国
人口減少・少子高齢化、エネルギー・環境制約等

◇「Society 5.0」で実現できる新たな国民生活や経済社会の姿を具体的に提示
◇従来型の経済社会構造の改革を──慣行や社会構造の改革を──気に進める仕組み

第4次産業革命技術がもたらす変化／新たな展開：Society 5.0

「生活」「産業」が変わる

① **自動化**
- 移動・物流革命による人手不足・移動弱者の解消（自動運転、自動翻訳など）

② **遠隔・リアルタイム化**
- 地理的・時間的制約の克服による新サービス創出
- 交通が不便でも最適な医療・教育（交通が不便でも最適な医療・教育を享受可能）

経済活動の「糧」が変わる

◇20世紀までの基盤「エネルギー」「ファイナンス」
→ブロックチェーンなどの技術革新で弱みを克服
◇デジタル新時代の基盤良質な「リアルデータ」
→日本の最大の強みを活かすチャンス

「行政」「インフラ」が変わる

◇アナログ行政からの決別
- 行政サービスをデジタルで完結
- 行政保有データのオープン化

◇インフラ管理コスト（設置・メンテナンス）の劇的改善
- 質の抜本的な向上

「地域」「コミュニティ」「中小企業」が変わる

◇地域の利便性向上・活力向上
（自動走行、オンライン医療、IoT見守り）
◇町工場も世界とつながる
◇稼げる農林水産業
◇若者就農
◇中小企業ならではの多様な顧客ニーズへの対応

「人材」が変わる

◇単純作業や3K現場でAI・ロボットが肩代わり
◇キャリアアップした仕事のチャンス
◇ライフスタイル／ライフステージに応じた働き方の選択

今後の成長戦略推進の枠組

「産業協議会」
- 重点分野について設置
- 官民の叡智を結集

「目指すべき経済社会の絵姿」共有
- 実現に必要な施策等を来夏までに取りまとめ

変革を牽引する「フラッグシップ・プロジェクト（FP）」の選定・推進
① 「FP2020」：アーリーハーベスト 官民で資源（人材・資金面）を重点配分
② 「FP2025」：本格的な社会変革

図1-2 未来投資戦略2018の基本的な考え方

出所：「未来投資戦略2018」（2018年6月15日閣議決定）

第1章 日本の成長基盤となるSociety5.0

■デジタル・ガバメントの推進
◇デジタルファースト一括法案の提出
◇ワンストップ化・ワンスオンリー化の推進
- 個人向け：介護、引越、死亡・相続等
- 法人向け：法人設立手続、社会保険・税手続等
◇一元的なプロジェクト管理に向けた推進体制の強化（情報システム関係予算に府省横断的視点を反映等）

■次世代インフラ・メンテナンス・システム／PPP・PFI手法の導入加速
◇建設から維持管理のプロセス全体の3次元データ化
◇要求水準（性能、コスト等）を国が明示するオープンイノベーションの積極活用
◇PPP・PFIの重点分野における取組強化

■農林水産業のスマート化
◇農林水産業のあらゆる現場でAI・ロボット等の社会実装推進（AIによる熟練者ノウハウの伝承、省人化）

■まちづくりと公共交通・ICT活用等の連携によるスマートシティ
◇「コンパクト・プラス・ネットワーク」加速、モデル都市構築

■中小・小規模事業者の生産性革命の更なる強化
◇IT・ロボット導入の強力な推進
◇経営者保証ガイドラインの一層の浸透・定着

■次世代モビリティ・システムの構築
◇無人自動運転による移動サービスの実現（2020年）（実証の本格化：運行事業者との連携、オリパラに向けたインフラ整備等）
◇「自動運転に係る制度整備大綱」に基づく必要な法制度整備の早急な実施
◇まちづくりと公共交通の連携、新たなモビリティサービスのモデル都市・地域構築

■次世代ヘルスケア・システムの構築
◇個人の健診・診療・投薬情報等を、医療機関等の間で共有するための工程表策定
◇認知症の人にやさしい新製品・サービスを生みだす実証フィールドの整備
◇服薬指導を含めた「オンラインでの医療」全体の充実に向けた所要の制度的対応

■エネルギー転換・脱炭素化に向けたイノベーション
◇2050年を見据えたエネルギー制御、蓄電、水素利用等の技術開発、我が国技術・製品の国際展開

■FinTech／キャッシュレス化
◇金融・商取引関連法制の機能別・横断的な法制への見直し
◇QRコードにかかるルール整備等

図1-3 未来投資戦略2018の重点分野

出所：「未来投資戦略2018」（2018年6月15日閣議決定）

(1) データ駆動型社会の共通インフラの整備

■基盤システム・技術への投資促進

◇AIチップ、次世代コンピューティング技術の開発
◇5Gの基盤整備
（本年度末の周波数割当、基盤整備促進）
◇サイバーセキュリティ対策の推進

■AI時代に対応した人材育成と最適活用

◇大学入試において必履修科目「情報I」追加
◇全ての大学生が数理・データサイエンスを履修できる環境整備、学部・学科の縦割りを超えた「学位プログラム」実現
◇IT人材のリカレント教育、副業・兼業を通じたキャリア形成促進

■イノベーションを生み出す大学改革と産学官連携

◇経営と教学の機能分担と大学がバナンスコードの策定
◇民間資金の獲得状況に応じた運営費交付金の配分の仕組み
◇若手研究者の活躍機会の増大

(2) 大胆な規制・制度改革

■サンドボックス制度の活用と縦割り規制からの転換

◇サンドボックス制度を政府横断的・一元的な体制の下で着実に推進
◇既存の縦割りの業法による業規制から、サービスや機能に着目した発想で捉え直した横断的な制度への改革を推進

■プラットフォーマー型ビジネスの台頭に対応したルール整備

◇本年中に基本原則（データポータビリティの確保、API開放、デジタルプラットフォーマーの社会的責任、利用者への公正性の確保等）を策定。

図1-4 未来投資戦略2018で示される経済構造革新への基盤づくり

出所：「未来投資戦略2018」（2018年6月15日閣議決定）

第 2 章

新たな成長モデルへの岐路

1

AI/IoTが直面する成長モデルの岐路

世界に蔓延する反グローバル化の動き

　2016年、米国のドナルド・トランプ大統領の誕生は世界中の関心をさらった。ラストベルトと呼ばれる、かつて栄えた産業地帯の労働層や反グローバル層の支持を得る政策アプローチは、ときにポピュリズムと言われる。しかし、同じような動きは他国にもある。欧州では英国がEU脱退を表明し、欧州主要国でも反EUを掲げる政党の支持率が高まった。アジア諸国でも、民主化よりもアメリカファーストならぬ自国第一主義を唱える動きや、反グローバル層からの支持を得ようとする動きがある。

　こうした動きで注目されるのはドナルド・トランプ大統領に代表される政治家個人だが、背景には今までは極端と言われた思想が支持されるに至った理由がある。グローバル化の副作用だ。国の間の経済的な障壁をなくし、輸出入だけでなく、人、モノ、金、情報のやり取り、移動を活発にするグローバル化は確かに世界経済の成長を押し上げた。たとえば、中国を含むアジア諸国の近年の成長はグローバル化抜きには語ることができない。マクロにとらえれば、エコノミストが言うように、グローバル化が世界経済の成長に貢献したことは疑いようがない。

　問題はその恩恵が均等に及ばないことにある。たとえば、日本のある地域で社員が勤勉に働いている工場での生産を、よりコストの低い途上国に移すのがグローバル経済の中での企業の典型的な判断の1つである。コストが高い日本の当該地域は、コストが高い分付加価値も高いはずだから、より付加価値の高い産業に取り組むことで一層の成長が期待できるとされる。もちろん、こうした理論通りに成長した地域もあるが、そうならなかった地域もたくさんある。米国のラストベルトもその1つだ。

広がった地域間の格差

　グローバル化の中で、世界中の地域や人材を付加価値やコストの順に並べたピラミッドがつくられ、ビジネスモデルを最も効率的に稼働させるように地域や人材が世界中からピックアップされる。1つの国の中で比較されていた地域や人材が、グローバルな巨大なピラミッドの中で比較されるようになるのだから、国内だけで比べられていた時代に比べると、トップ層に入った地域や人材とボトム層に入った地域や人材の距離は大きくなる（図2-1）。グローバル化には、元来1つの国の中での格差を拡大させる副作用があると考えていい。

　1990年代、東京と大阪を比較するような議論もあったが、今、東京が競争相手として意識しているのはニューヨーク、ロンドン、パリ、あるいは北京、上海、シンガポールなどの海外の国際都市だ。都市の実力は、どのようなグローバル企業とそれに見合う優秀な人材が集まるかに影響されるようになっているから当然だ。名古屋のように世界の自動車産業のトップに君臨するトヨタを同じ県内に擁することが、国際的にも国内的にも都市としての地位を高めた例もある。

　人間の幸福感や満足感は相対的なものと言われる。町中が貧しければ、自分自身が同じように貧しくても、人間はそれほど不幸を感じることなく、和気あいあいと暮らすことができる。歴史上このような例は至るところにあ

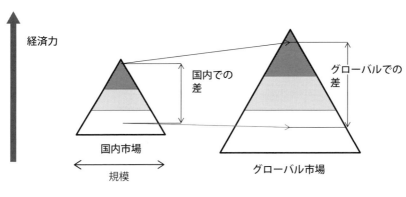

図2-1　グローバル化による格差の拡大

る。もちろん、経済力が増せば、飢餓に晒されるリスクも減り、健康も増進し、楽しみも増えるので社会全体として見た幸福のためのKPI（Key Performance Indicator：重要業績評価指標）は確実に改善する。しかし、その恩恵にバラツキがあり、目に見える範囲での格差が拡大するので、相対的な視点で見た不幸感は高まる可能性がある。

　万人に同じように恩恵を行き渡らせようとした社会主義はここまで成功を収めていないが、まずは市場経済の中で成功した人が富んで、恩恵を広く行き渡らせるというトリクルダウンも上手くいった試しがない。資本主義経済は、世界中でその根源的な副作用の問題に直面している。

格差を拡大した技術革新の歴史

　技術革新も格差の原因となった。
　歴史的に見ると、19世紀の産業革命により欧米諸国はアジア、中南米諸国などに対して圧倒的な経済力、軍事力を持つことになった。その後、植民地時代、帝国主義時代、2度の世界大戦を経て世界の政治体制や経済情勢は大きく変わったが、欧米諸国とアジアなどの国々の経済的な格差はなくなっていない。産業革命はエネルギー、動力革命でもあるが、エネルギーと動力設備を供給する企業は世界的に大きな経済力を持つようになった。資源面ではセブンシスターズと呼ばれたオイルメジャーは、IT関連企業が隆盛の昨今でもなお、世界経済のトップ層に君臨している。最近は再生可能エネルギーの急激な普及で旗色が悪い面もあるが、社会の動力源を供給してきた重電、鉄鋼、化学などの重厚長大産業企業は、いまだ各国の経済界で大きな影響力を持っている。

　エネルギーと動力が庶民レベルに普及することで新たな産業が次々と勃興した。自動車産業は、株価時価総額ではIT関連企業に抜かれたものの、売上、利益、雇用、産業としての裾野の広さなどで見れば、今でも国力を左右する産業としての地位を保っている。20世紀の後半になると、電気エネルギーに精密技術が結びついてエレクトロニクス産業が成長し、20世紀末になると、その成果を土台にコンピューター産業が急成長した。こうした産業基盤の上に軍事技術として開発されたインターネット技術が市場に放出さ

れ、今のIT関連産業の隆盛につながった。

強大化する企業の位置づけ

1世紀半にわたる産業の成長は世界経済を成長させ、多くの人々に雇用をもたらし、社会の厚生を大きく改善したが、半面、富める国とそうでない国の格差も鮮明になった。技術革新を巧みに取り込み競争相手より優位に立つのが市場経済とも言えるから、技術革新は競争市場の中で企業間の優勝劣敗を促した。国の経済力は、世界的競争力のある企業をどれだけ抱えるかに大きく影響されるため、産業振興や企業と連携した研究・技術開発が国の重要な政策となった。

個人レベルで見ても、市場競争を勝ち抜いた企業に就職できるかどうかが、経済的に恵まれた人生を送れるかどうかに影響するようになってきた。大学は企業に優秀な学生を送り込むための機能を重視するようになり、良い大学を出て競争力の高い企業への就職を目指すことが、どこの国でも若者の当たり前の行動となった。起業志向の学生が増えてはいるが、まだまだほとんどの学生は有力な企業への就職を求めている。国にとっても、個々人にとっても、企業の存在感は増している。

格差を助長するIT

そして、AI/IoTは企業間の格差を拡大する可能性がある。AI/IoTを上手く取り込めた企業と取り込み遅れた企業では、短期間で競争力に大きな差がつく可能性がある。拙書「IoTが生み出すモノづくり市場2025」でも述べたように、AI/IoTにより優位に立った企業は、市場支配力を強めていく可能性があるからだ。しかも、単に同じ製造業同士の水平方向だけでなく、サプライチェーンに沿った垂直方向の影響力も高めていく。そこに革新技術によって急成長したベンチャー企業が加われば、市場の新陳代謝が進む。ITによる企業と経済の成長を見れば、革新技術による市場の変革は経済成長を底上げすることがわかる。問題は、ここまでの経緯でも見て取れるように、ITは限られた数の企業の市場支配力を過度に高めることだ。AI/IoTでも同

じように、特定の企業の市場支配力が一層高まる可能性がある。

　AIにとってもう1つ重要な点は、企業間だけでなく、企業の中でも格差を生み出す可能性があることだ。AIを使いこなせる人と上手く使えない人で、仕事の生産性や付加価値に大きな差が生まれるからだ。ITは組織の内外で人材の格差を生み出す傾向がある。振り返ると、マイクロソフトのオフィスのような個人ユースのアプリケーションが普及することにより、アプリケーションを使いこなせる人とこなせない人では就業機会や仕事の効率に違いが生まれた。10年くらい前にブロードバンドが普及してからは、ネットワーク上のアプリケーションが充実し、それを使いこなせる若手に中高年層がついていけないという状況が起きている。ネットワークを使いこなせる若年層は、新たな時代に適応する能力を制約する社内外の規制や慣行に不満を感じている。

　AIは機能が高度な分、ITが格差を後押しする流れを一層強める可能性がある。すでに、RPA（Robotic Process Automation：ロボットによる業務自動化）が多くの企業で導入され、画期的な成果を上げ始めている。まだ、利用できる範囲は限定的だが、今後利用範囲が徐々に広がっていくことは間違いない。理屈の上では、今後簡単な業務、繰り返しの業務はどんどんAIに任せ、人間は創意工夫を要するより付加価値の高い仕事をするようにすればいい、ということだが、誰もがこうした変化に適応できるわけではない。

容易ではないAI時代の付加価値人材育成

　欧米のキャッチアップを目指す時代は終わり、日本は独自の付加価値をつくり出さないといけない、と言われて久しい。日本企業も付加価値の高い仕事ができる人材を育てるために、あの手この手で努力をしてきたが、目立った成果が出ているとは言えない。ほとんどの企業は暗中模索状態であり、欧米企業のAI/IoT時代への対応と中国の急速な台頭を前に手を打ちあぐねているのが現状だ。筆者の所属する組織は新しい事業の立ち上げをミッションとしているが、優秀な頭脳と新しい事業への意欲を持っている者が努力したからといって、常に創造的なアウトプットを出せる、というわけではない。

　日本の技術系の大学は、欧米の技術の日本への導入を目的に設立されたと

いう歴史を持つ。日本の大学も創造性のある人材を育成するための努力をしてきたが、数多くのイノベーティブな人材が輩出する米国の有力大学と伍し得るようになってきた、と思う人はほとんどいないだろう。それどころか、アジアでの大学ランキングすら低下しつつあるのが実態である。

ITについて言えば、マイクロソフトのオフィスは何週間かの講習を受ければ誰でも使いこなすことができた。ブロードバンドで結ばれたネットワーク上のコンテンツもトレーニングすれば、それなりに使えるようにはなる。しかし、使いこなしている人へのキャッチアップの度合いは、オフィスの講習の効果より小さくなる。コンテンツを使うという行為だけでなく、それを使ってどれだけ付加価値の高いアウトプットを生み出すかが問われるからだ。AIについても、AIができない創造的な仕事ができるようなトレーニングは可能だが、求められる創造性のレベルが上がる分、トレーニングの効果が出た、と思える人の割合はさらに少なくなる。

AIにこうした傾向があろうが、日本の大学が創造性の人材を輩出せしめる機能が弱かろうが、企業はグローバル市場で欧米、中韓企業との熾烈な競争をしているから、何とかしてAI/IoTを使いこなし、付加価値を高めようとする。そのためには、AI/IoTを使いこなし付加価値の高い成果を生み出せる人材を厚遇し、AIに仕事の一部を取って代わられ新たな価値を見出せない人材には厳しい処遇をせざるを得なくなる。その分だけ、AI/IoTは社内での格差をも拡大する可能性がある。

AI/IoTはグローバル化によって広がった国内の大都市と地方部、もっと言えば、東京と地方部との格差を一層大きくする可能性がある。まず、大都市ほど、AI/IoTの燃料であり、付加価値の源泉である情報が豊富だ。また、AIにはできない創造的な仕事のできる人材の数も多い。こうした情報と創造性の高い人材同士のフェース・トゥ・フェースのコミュニケーションの豊富さが、都市としての付加価値をスパイラル的に高めていく。その上、国境を超えた大都市同士の競争が繰り広げられる。中国、インド、東南アジアなどの大都市や地域は、日本の都市や地域のような旧来的な慣行や既得権が少ない分だけ、果敢にグローバル競争に挑んでくる。こうした状況を傍観していれば、それについていけない都市や地域は、グローバル市場での経済的な地位を落としていくことになる。

求められる生活環境づくりのAI/IoT政策

　第1章で述べたように、日本国内でもAI/IoTを使ったさまざまな動きが出てきていることは頼もしい限りだ。しかし、そうした動きが産業分野だけに偏在し続けるのであれば、ここで述べた副作用により、大都市と地方、AI/IoTを使いこなせる人とこなせない人の間の格差は拡大していくことになる。それは、人口減少、高齢化、危機的な公共財政などの問題を抱える日本が国としての活力を高め、成長する際の大きな障害となる。AI/IoTの付加価値を日本全体として享受するためには、市場や民間の力だけに頼っていてはいけない。AI/IoTで副作用が生まれる構造を踏まえ、政策として積極的に格差をなくすための策を講じるべきなのだ。

　大都市でAI/IoTを使った経済活動が展開されるのだから、地方部でもそれに相当した動きを政策的につくればいい、という考え方もある。しかし、上述したように、地方は大都市に比べ、IoTやAIの経済的な付加価値の源泉となる情報や人材が不足している。かつて地方で東京に負けない高度なサービス産業や研究開発機能を育てようという政策が上手くいかなかったのは、東京と同じ資源を要する産業を立ち上げようとしたからである。グローバル市場で都市、地方が競争するようになっている中で、元来地方に足りない事業資源を政策的に後押ししても、高い成果を生み出すことはできない。

　AI/IoTの時代に地方が付加価値を高めるために必要なのは、地方に豊富に存在している資源に着目することである。それは、地方における生活環境である。本書が提案するのは、AI/IoTを駆使した生活環境づくりである。しかも、その対象を地方部において誰もが恩恵を受ける公共インフラを中心とするのである。ここで言うのは、道路や橋のようなハードなインフラだけでなく、教育、医療のようなソフトな分野も含む広い意味での社会インフラである（図2-2）。

　こうしたインフラがAI/IoTによって付加価値を高めれば、地域住民の生活の付加価値が高まり、それが地方独自の社会の活力につながる。また、広い意味でのインフラは住民生活と密接に絡み合っているので、住民生活の付加価値が高まればインフラ、公共サービスの付加価値も高まる、という好循環が生まれる。第4章で述べるように、それは日本の競争力を高めることに

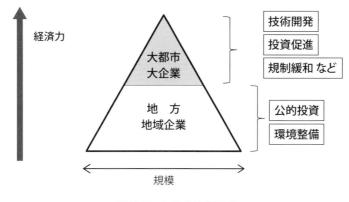

図2-2　IoTの政策配分

もつながる。そうなれば、東京とは違った視点で、地方ならではの人材やネットワークも生まれることになるだろう。

　これからの社会の健全な成長を考えるのであれば、AI/IoTには2つの方向性がある。1つは、市場の力を最大限に発揮し、グローバル市場で競争力のある企業を育て、投資資金と才能のある人材を呼び込んで革新的な技術とサービスの開発を推し進める方向だ。日本は残念ながら、この方向では米国の企業には大きく遅れを取り、最近では中国の有力企業にも劣勢を余儀なくされている。また、AI/IoT分野への米中の圧倒的な投資力を考えると、この方向での挽回は容易なことではない。

　そして、もう1つはここまで述べたように、市場競争だけに委ねていると格差をつけられる分野、特に、地方部などに焦点を当ててAI/IoTで社会インフラの革新を図るという方向だ。この分野は、世界的にもまだ未開の分野であることに加え、日本は技術力に加え、高い行政能力や意識の高い地域住民を有する数少ない国である。ここで新しい社会システムを立ち上げれば、日本としての新たな価値をつくるだけでなく、その技術や知見を伝えることで多くの国に貢献することができる。

　第3章では、10の分野を取り上げ、その効果を検討する。

　一方、都市を舞台としAI/IoTで付加価値の高い活動を生み出そうとする取り組みは世界各地で始まっている。次節では、まずこうした先端的な活動を垣間見てみよう。

2

AI/IoTによる次世代の成長モデル

マイクロファイナンスの成功が示唆する次世代の成長モデル

　ノーベル平和賞を受賞したムハマド・ユヌスが1983年に創業したグラミン銀行は、貧困層を相手に無担保・無審査での貸付を行い、98％もの高い回収率を誇った。その成功の要因としてされてきたのが、貸付する人に5人組を組成させ、グループ単位で貸付（グループローン）を行ったことだ。

　グループローンにすると、グループのメンバーは互いに信頼できる相手を選び、互いの返済状況を確認し合い、完済できるようグループで努力する。グラミン銀行はお金を貸すための審査（与信）も、返済状況のモニタリングも行う必要がなく、グループのメンバーが分散管理する。こうした仕組みが、貧困層での小口貸付という難しい貸付をほとんど焦げ付くことなく成立させたのである。

　マイクロファイナンスは、関係者間での情報の可視化とコミュニティによる評価が、金融の基幹業務の分散処理化を可能にし、成長市場を生み出した好例と言える。

　米ウーバー・テクノロジーズによって出現したライドシェアの市場も同じ構造をしている。見知らぬ相手のクルマに乗せてもらう場合、運転手が安全運転してくれるか、犯罪者や変質者ではないか、性別はどうか、クルマは清潔かなどが気になる。タクシーの場合、免許制度と事業者の登録制度を通じてタクシー会社を行政の指導監督下に置くことで、一定の水準を保ってきた。一方、ライドシェアには、集権的な管理監督構造はないが、利用者の間でドライバーの情報を可視化し、ドライバーと利用者が相互レビューをする分散処理的な仕組みをつくることで、悪質な者が排除され、一定のクオリティが保たれる仕組みになっている。

　ライドシェアの本質は、クルマと利用者のリアルタイムの位置情報の把握・表示によるマッチングと、ドライバー情報の可視化・相互評価による信

頼性の担保にある。

　マイクロファイナンスを成り立たせたのはリアルなコミュニティの力だが、ライドシェアは、ITによってリアルなコミュニティと同じような情報の可視化と評価を可能とした。マイクロファイナンスが既存の金融機関が手がけなかった貧困層市場を創出したように、ライドシェアもタクシーより安価なオンデマンドの移動サービスの市場を創出した。ITの進化で、モノと情報が結びつくIoTが実現したからこそ、可能になったビジネスである。IoT時代には、分散処理化によって、中央集権的なシステムが対象にできなかった領域が成長市場になる可能性がある。

世界中で進む地域へのAI/IoT投資

　分散処理化の時代に浮上するのが、本来的意味での「公共」と「地域」である。

　「公共」は本来、自然発生的に生まれる。家族よりも大きなコミュニティを形成するとき、「公」が生まれる。集落では用水や道路のような共有資産を複数の家族で労役を分担し合いながら管理をしてきた。「公」の原点は共有であり、「パブリック」というより「シェア」に近い。シェアリングエコノミーという言葉が生まれるはるか前から、人類は「公」というシェアをつくり上げてきたのである。

　しかし、近代化以後、中央集権的な国家が力を持つようになると、コミュニティ単位で自発的に営まれてきた「公」は、行政や行政のお墨付きをもらった「公共」に取って代わられた。その結果、コミュニティによって分散処理的に営まれていたものが、行政による中央集権構造により整備、管理されるようになった。道路、水道、学校、病院など現在公共インフラとされるものは、すべて中央集権化の過程ででき上がった。国民広く一般に一定のレベルのインフラを整備するのに、巨額の資金と中央集権的な体制での管理が必要だったからだ。

　しかし、整備の段階を終え、インフラの維持管理や延命化の段階、あるいは、築いたストックをどのように付加価値に結びつけていくかという段階になると、中央集権はむしろ効率が悪くなった。行政とその周辺にいる企業が

独占する公共より、多様な主体が営む「公」に委ねる方が、再び効率的・効果的になる可能性が出てきた。

ライドシェアが相互レビューによって信頼を可視化したように、IoTによってあらゆるものがデータ化されることで、地域の中のインフラやサービスが住民に可視化される。それにより、公共が独占的に営んできたものを「公」に委ねられるようになる。こうした中央集権な公共システムから分散処理型への移行は、行政の負担を減らし新しい市場を生み出す。

公共の担い手として最前線にいるのは基礎自治体である市区町村だから、公共の分散処理化は市区町村の管轄範囲から始まる。一定のまとまりを持った「地域」や「地区」が公共の分散処理化のトバ口となり、次世代の成長モデルを生み出す培地となるのである。

先行するグーグル

実際、世界を見ると、地域や地区を対象にしたAI/IoTの投資が活発化している。

ここでも先鞭をつけたのは米グーグルだ。グーグルは、ニューヨーク市が進める「LynkNYC」プロジェクトに参画したことをきっかけに、町づくりや公共分野への関わりを深めている。

「LynkNYC」は、古くなった公衆電話をWi-Fiスポットに置き換える官民協働プロジェクトだ。2012年から検討が始まり、2016年には半径45m以内に高速の無料Wi-Fiを提供するキオスク端末「Lynk」の設置を開始した。ニューヨーク市は「Lynk」を1万台の規模で設置し、必要な経費は広告で賄うことを目論む。

「Lynk」の特徴は、無料のWi-Fiや充電スポットとして機能することに加え、気象情報やCO_2濃度などの都市の環境に関する情報、人やクルマの流れなどの都市のミクロなデータを記録・収集する情報収集装置として機能する点にある。ニューヨーク市は、「Lynk」を通じて、町中にセンサーネットワーク網を張り巡らせようとしている。

グーグルは、持ち株会社のアルファベットが2015年に設立したサイドウォーク・ラボ（以下、サイドウォーク）を通じて、このプロジェクトに関

わっている。「Lynk」を通じて町中から収集されるデータを可視化することが、新しい「公」を生み出すことにつながるのか、データサイエンスのノウハウでは圧倒的な力を持つグーグルへの新たな依存を生み出すことになるのかがわかるのはこれからだが、サイドウォーク（グーグル）は町のデータの可視化に熱心に取り組み、町はこれを応援している。

「LynkNYC」を皮切りに各地の都市開発に関わり始めたサイドウォークが現在、最も注力しているのが、2017年から始まったカナダ・トロントのウォーターフロントの再開発計画である。約5haの再開発案件で、サイドウォークは住民とワークショップを繰り返しながら計画を練り上げている。全貌はまだ見えていないが、あらゆる場所にあらゆる種類のセンサーを埋め込んで、交通の流れや騒音レベル、大気汚染の状況、エネルギー使用量、移動パターン、ゴミの排出量などに関する情報を常時を収集するとしている。また、カメラを使って人々の行動も観察する。サイドウォークは、この計画のために5,000万ドルを拠出するとされる。トロント市は、5haでのパイロットテストが成功した暁には、取り組みをウォーターフロント全域の300haに拡大することを目論んでいる。

モビリティサービスから街づくりに

AI/IoTによる町づくり・公共分野への投資という意味で、サイドウォーク（グーグル）とともに世界中に影響を与えているのが、米国運輸局が2015年に開始したプロジェクト「Smart City Challenge」である。

2015年に公募を開始した「Smart City Challenge」は、全米の中小都市を対象に、交通のスマート化を通じたスマートシティの提案を募り、優勝都市には提案実現のために4,000万ドルの助成を行うプロジェクトだ。78の都市が応募し、オハイオ州コロンバスが優勝した（**図2-3**）。

「Smart City Challenge」の特徴は、公募段階から、人とモノの移動に焦点を当て、データを活かした効率的・効果的な町づくりの提案を求めた点にある。優勝したコロンバスの提案は、これを一歩進め、交通・物流の効率化だけでなく、すべての人にとって移動しやすいモビリティの実現とデータの活用を通じて、格差が進行し分断された地域住民をつなぎ、産業を再生さ

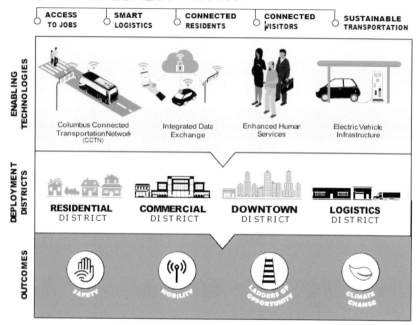

出所：米国運輸省ウェブサイト

図2-3　米国の「Smart City Challenge」で優勝したコロンバスの構想

せ、新たな雇用を生み出そう、という野心的な内容だ。モビリティの変革とデータの活用を通じて、都市と社会が抱える課題の解決を目指すコロンバスのアプローチは、都市政策・交通政策・社会政策いずれの観点からも示唆に富む。

　都市政策（町づくり）と交通政策（足づくり）は、本来は両輪であるべきだが、かつて建設省と運輸省とが分かれていたように、この2つはなかなか交わらない。欧州では、モータリゼーションによってマイカーに奪われた都市空間を回復すべく、マイカーに規制をかけ、公共交通を復権させる町づくりが進められてきた。しかし、それは自治体の強いリーダーシップがあってこそ進められるもので、歴史も伝統も違う他の国でなかなか真似できることではない。

中国で始まるAI/IoT都市づくり

　欧州ほど自治体が強くなくても、モビリティの変革とデータの活用で、都市に「公」を取り戻すことができると考えているのが、ライドシェア会社の米リフトである。リフトは、2012年の創業当初から、交通手段によって人々をつなぎ、コミュニティを統合することをミッションに掲げている。それは、マイカー社会がコミュニティを分断し、都市問題を引き起こしてきたという強い問題意識があるからだ。リフトは、ライドシェアの普及によってマイカーを減らすことから都市を変えることを目指している。今後は、リフトをはじめ、人の移動に関する膨大なビッグデータを蓄積しているモビリティサービス会社が、町づくりで大きな力を持つようになるかもしれない。

　AI/IoTを活用した町づくり、都市開発に大きく動き始めたのが中国である。中国政府は2017年に、AIを活用した地域づくりの国家プロジェクトを発表した。この中に民間企業とともに、地域開発・公共インフラに関わる2つのプロジェクトがある。1つは、雄安新区でバイドゥ（百度）と始めた自動運転と人工知能を活かした町づくりであり、もう1つは、杭州でアリババグループ（阿里巴巴集団）と始めた「城市大脳」計画だ。後者は、交通、エネルギー、水道などの公共インフラの運営をすべて数値化し、人工知能で解析し、都市機能の向上を図っている。中国政府が力を入れる内陸の大都市重慶でもIT企業と連携した地域づくりが進む。テンセントは地域の政府機関や企業と連携して、交通サービスに関するプロジェクトを進めている。先進国に比べて圧倒的な地域開発のポテンシャルを持つ中国では、今後も有力なIT企業が地域づくりに参画する例が増えるはずだ。

公共参加によるAI/IoT導入の広がりを

　以上は、有力なIT企業が自らの技術を活かせる分野で、地方政府と協力して地域づくりに参画している例と言える。民間主導であるだけ立ち上がりのスピードも速いだろうが、カバーできる範囲は限られる。上述した事例を見ても、対象とされる分野は限定され、特定の分野に集中している。世界の有力企業が凌ぎを削るAI/IoTの市場で、民間企業が重視している分野が特

定されているからだ。

　モビリティサービスが絡んでいる例が多いのは、世界中の企業が自動運転の技術に注目しているからだ。AI/IoTの導入について民間の力は欠かせないが、民間の発意だけに委ねれば、こうした偏りが生まれるのは避けられない。AI/IoTの導入が地域の活力を高めるのに効果的であるならば、できるだけ広い範囲を対象にしたい。

　そこで考えらえるのが、公共サービスの提供者である地方政府が、AI/IoTを導入する分野を定め、民間事業者を入りやすいように「場」を設定し、プロジェクトを立ち上げるという方法だ。公共発意で、民間の技術、ノウハウ、資金力を活かした効率的で効果的なプロジェクトを立ち上げることができるか、という懸念はある。しかし、公共サービスに関する権利権限、義務を公共団体が担っていることを前提とすると、公共が主体的に関わらずに広い分野へのAI/IoTの導入は期待できない。また、PPP（Public Private Partnership：公民連携）などの経験で日本でも公的なプロジェクトに民間の知見を取り込むためのノウハウが形成されている。

　こうした理解に基づいて、次章では主要な公共サービスの分野を取り上げ、どのようなAI/IoTの導入の仕方が考えられるか、それによってどのような効果が期待できるのか、を考えてみよう。

第  章

公共IoT：Society5.0 の地域モデル

1 公共IoTモデル10

1 教育IoT

【概 況】

　1965年の東京大学合格者の出身校別ランキングを見て驚くのは、公立高校、中でも都立校の強さが際立っていることだ（**表3-1**）。しかし、直近の2018年では、公立校は愛知県立岡崎高校が20位にランクインしているのみだ。1985年に埼玉県立浦和高校が9位に入ったのを最後に、それまで常連だった公立校がトップテンから姿を消した。

　公立校に代わって台頭したのが私立校である。1980年代後半は、日本中がバブルに浮かれた時代だ。景気が良かったこともあって、子どもを私立か国立の中高一貫校に入れるための中学受験ブームが到来した。

　文部科学省の学校基本調査（2017年調査）によると、東京都で国立・私立校に通う中学1年生の割合は25.7%に上る（全国平均は8.2%）。最も私立進学率の高い中央区・文京区では、公立小学校卒業生の約半数が都内の国立・私立中学校、および都外の中学校などへ進学している。

　私立の台頭ばかりが「公立離れ」の原因ではない。公立小学校の「学級崩壊」が指摘されるようになったのは1990年代後半だが、それは「公立に行かせても大丈夫か？」との不安を親の間に広げる結果となった。いじめや不登校、モンスターペアレンツに対する懸念もある。

　実際には言われるほどの問題はないにしても、学習指導要領に縛られた授業内容や何十人もの生徒に一斉に同じ内容を教えるスタイルが時代にそぐわないと感じる親は少なくない。2002年に導入された「ゆとり教育」も、公立に対する評価を下げる原因となった。

　一方、教師にとっても、公立学校は魅力的な職場でなくなりつつある。実

表3-1　出身校別の東京大学合格者ランキングの変化

順位	1965年	合格者数
1	都立日比谷	181名
2	都立西	127名
3	都立戸山	110名
4	麻布	91名
5	教育大付属	87名
6	都立新宿	72名
7	教育大付属駒場	68名
8	灘	66名
9	都立小石川	63名
10	開成	55名
11	県立浦和	52名
12	県立湘南	50名
13	県立旭丘	49名
14	都立小山台	46名
14	栄光学園	46名
16	都立両国	42名
17	都立上野	40名
18	ラ・サール	38名
19	学芸大付属	34名
19	広大付属	34名

順位	2018年	合格者数
1	開成	175名
2	筑波大学付属駒場	109名
3	麻布	98名
4	灘	91名
5	栄光学園	77名
6	桜蔭	74名
7	聖光学院	72名
8	学芸大学付属	49名
9	海城	48名
9	渋谷教育学園幕張	48名
11	駒場東邦	47名
12	浅野	42名
12	ラ・サール	42名
14	早稲田	38名
14	筑波大学付属	38名
16	女子学院	33名
17	西大和学園	30名
18	甲陽学院	27名
18	武蔵	27名
20	県立岡崎	26名

出所：サンデー毎日　※太字が公立校

際、公立教師が置かれている労働環境は過酷だ。文部科学省の教員勤務実態調査（2016年調査）によると、「過労死ライン」とされる「月80時間以上」の超過勤務が常態化している教師が、小学校で4割、中学校では6割近くになっている。公立学校の場合、残業手当の制度がないため、どれだけ働いても給与は変わらない。

　日本の教師（中学校）の労働時間は、諸外国と比べて突出して長い。**表3-2**のOECD国際教員指導環境調査（TALIS 2013）によると、調査対象となった34加盟国・地域の1週間の勤務時間の平均が38.3時間であるのに対し、日本は53.9時間だ。諸外国に比べて顕著なのが、「課外活動の指導に使った時間」の長さである。「一般的な事務業務に使った時間」「学校運営業務への参画に使った時間」も倍近くの長さとなっている。「個人で行う授業の計画や準備に使った時間」にも時間を取られている。

　その一方で、「指導（授業）に使った時間」は参加国平均と同程度か少し

表3-2　中学校教師の労働時間の国際比較

	仕事時間の合計	指導（授業）に使った時間	学校内外で個人で行う授業の計画や準備に使った時間	学校内での同僚との共同作業や話し合いに使った時間	生徒の課題の採点や添削に使った時間	生徒に対する教育相談に使った時間
日本	**53.9時間**	17.7時間	**8.7時間**	3.9時間	4.6時間	2.7時間
参加国平均	38.3時間	19.3時間	7.1時間	2.9時間	4.9時間	2.2時間

	学校運営業務への参画に使った時間	一般的事務業務に使った時間	保護者との連絡や連携に使った時間	課外活動の指導に使った時間	その他の業務に使った時間
日本	3.0時間	**5.5時間**	1.3時間	**7.7時間**	2.9時間
参加国平均	1.6時間	2.9時間	1.6時間	2.1時間	2.0時間

※ 直近の「通常の1週間」において、各項目の仕事に従事した時間の平均。「通常の1週間」とは、休暇や休日、病気休業などによって勤務時間が短くならなかった1週間とする。週末や夜間など就業時間外に行った仕事を含む。
出所：文部科学省「OECD国際教員指導環境調査（TALIS2013）のポイント」

下回る。「生徒の課題の採点や添削に使った時間」「保護者との連絡や連携に使った時間」も同様である。国際比較から浮かび上がってくるのは、課外活動や事務や学校運営などの業務に時間を取られ、教師として本来やらなければいけない生徒の指導（授業）や採点・添削、保護者との連絡・連携に十分に時間が割けていないという現実である。

　以上を踏まえると、公立小中学校の課題の解決方策は以下の4つに整理できる。
　第1に、指導内容や教師の質の向上である。私立と同等以上の学力が身につくこと、新しい時代に対応したスキル・能力が身につくことを目指して指導方法を刷新する。授業の準備などに要する教師の負担を減らすとともに、教師によるバラツキをなくし、生徒1人ひとりの能力に応じたきめ細やかな指導ができるようにする。
　第2に、生徒の安全確保である。いじめや不登校がなく、生徒の心身が危険に曝されることがない学校空間をつくる。

第3に、説明責任能力の向上である。何かあったときに説明責任を問われる現場の管理者（校長）と教育委員会に教育現場の情報が適時適切に伝わり、トレースができ、かつ、現場の教師の報告負担が増えない情報伝達の仕組みをつくる。

第4に、課外活動の指導体制の見直しである。教師の業務から課外活動を切り離し、教師が生徒指導に集中できるようにする一方、課外活動の指導の質を高める体制をつくる。

これらを反映したIoTのシステムは以下のとおりである。

【システム内容】

(指導内容、教師の質の向上のための機能)
- 教師は、生徒の興味、学習進度、活用の仕方などを勘案して、専門機関がクラウド上で提供する教育コンテンツを選択する。
- 教師は、教育コンテンツに併せて提供されるインストラクションを参考に生徒の指導に当たる。教師が教育コンテンツを選択すると、生徒のタブレットに教材が提供される。
- 生徒は、タブレット上で教材を学習し、課題に回答する。回答はクラウド上で分析され、学校DB（データベース）に保存される。
- 教師は、生徒の回答とその分析結果を学校DBから取得して、学習進度を確認する。
- 学校管理者は、生徒の特性、学習進度、教師のコンテンツ選択結果、生徒の返答と分析結果などのデータから教育成果を確認する。同時に、教師の指導方法の課題を明確にして改善を図る。
- 学校管理者は、指導データの分析結果を定期的に親に、必要に応じて教育委員会に送信する。

(説明責任能力向上のための機能)
- 学校管理者は、学校内で問題があった場合、学校DB内の教師と関係者の受送信ログなどから原因を分析する。分析結果は、教師、保護者、教育委員会に通知する。

(生徒の安全確保のための機能)
- 校舎には温度、湿度を測定するセンサーが各所に設置され、空調設備と

連動させることで、学習に適した、快適な学習環境が維持される。
- 学校管理者は、外部の専門機関に、学校内のデータのモニタリング・分析を委託する。外部専門機関は、学校から収集されるデータをクラウド上のアプリケーションにより分析する。
- 外部の専門機関は、生徒の携帯端末の移動データと監視カメラの映像から、いじめを発見する。また、校舎各所に設置するセンサーが測定する有害物質濃度、建物の振動・加速度から、危険や災害の発生を察知・予知する。また、生徒が装着するセンサーが収集する生体情報から、生徒の健康状態を分析する。
- 外部の専門機関は、いじめや危機、生徒の心身の異常などを察知したときは、そのレベルに応じて、教師、学校管理者、学校DBに通知する。

（課外活動の指導体制のための機能）
- 学校管理者は、外部から専門的な知見・技術を有する課外活動の指導者を公募する。外部指導者は、生徒のタブレットを通じて技術などの説明や練習メニューの提供などを行う。
- 生徒は、加速度センサーが組み込まれたバッジ、心拍センサーやIDが組み込まれたリストバンドなどを装着して課外活動を行う。運動場、体育館にはカメラを設置し、個人の動きやフォームを計測、分析しながら、個人のレベルに応じた指導を行う。
- 外部の指導者は、運動後に加速度センサーや心拍数センサーのデータと生徒のIDを照合して健康状態を確認する。
- 学校管理者は、身体づくり、健康管理などについて、地域内外のプロ人材とのネットワークをつくり、生徒が指導を受けられるようにする。
- 教師は、個人情報を管理した上で外部指導者による指導結果を学校管理者や親と共有する。技術の指導は外部指導者に任せ、教師は担当する課外活動のモニタリングや学校側との調整などに注力する。

【効 果】
（指導内容、教師の質の向上）
- 生徒の能力・進度に応じた個別指導が可能になる。
- クラウドから個々の生徒に次の教材や課題が提案されるため、教師は授

> **column**
>
> ## 社会に必要とされる人づくりとは
>
> 　教育の目的の一つは社会に出ていくための素養づくりだが、社会人に求められる素養は大きく変わりつつある。最近、世界中の社会人に注目されているのが、イギリスのオズボーン准教授とフレイ博士による「雇用の未来」という論文だ。これによると、単純なオフィス業務のような仕事は100％近い確率で将来、コンピュータに置き換えられるという。
>
> 　一方で、セラピストのように、人間に対面する仕事が置き換えられる可能性はゼロに近くなっている。製造業の現場でも定型的な仕事が置き換えられるとされている。これを見て、世界中のビジネスマンが、将来自分の仕事はどうなるのだろう、と戦々恐々としている。最近のAIやIoTの進化のスピードが不安を煽り立てている。
>
> 　企業も、そこで働くビジネスマンも、AIやIoTに取って代わられない付加価値をどうやってつけるか、を真剣に考えるようになっている。社会人に最も近い教育機関である大学では、企業の不安感が伝わってか、アクティブラーニングなど、受け身の教育から脱するため取り組みが盛んだ。小中学生の時分から社会人を意識するのもどうかと思うが、社会が求める素養が変わっていることは意識しないわけにはいかない。

業の準備に要する時間を減らし、現場でのきめ細やかな指導に注力できるようになる。
・教師に対してもクラウドから教材やインストラクションが提供されるため、指導内容のバラツキがなくなる。

（生徒の安全確保）
・いじめが激減し、生徒は安心して学校に通え、親も心配がなくなり、教師は指導に集中できるようになる。

・生徒の心身の異常を早期に検知できるようになり、食事や運動の内容も改善できるため、健康増進を図ることができる。

(説明責任能力の向上)
・校内で収集されるデータがクラウドで分析・可視化されるため、教師・学校管理者・教育委員会、親の間で教育現場の状況を共有できる。
・問題が起きたときはデータのログを確認することで、迅速かつ正確な原因究明と適切な説明、対策が可能となる。

(課外活動の指導体制の改善)
・指導能力と意欲のある人材を公募することにより、教師を課外活動の負担をから切り離すことができる。また、プロ人材からの助言などに基づく科学的な指導により課外活動の質と安全性が高まる。
・指導内容やウェアラブルセンサーのデータなどにより、指導内容を確認できる。これにより誤った指導、行き過ぎた指導がなくなり、学校管理者の説明責任負担が軽減される。

—小 括—

　まず、公立小中学校でも、落ちこぼれをつくることなく、伸びる子はより伸びられるようになり、教育レベルが底上げされる。
　クラウドから提供される教材は、人気の学習塾や教育学者の持つノウハウ、最先端の科学や技術、社会問題が反映されているので、生徒は知的好奇心を掻き立てられ、学ぶことに対するモチベーションが高まる。
　クラウド教材の良さは、レベルの高い教材を、理解の速い子、より学びたい子、ゆっくり学びたい子など、生徒の特性に合わせて提供できることだ。個別指導そのものだから、塾に行ったり、通信教育を受けたりせず、学校の勉強だけで十分という子が増えるだろう。そうなれば、親の年収や住んでいる地域による教育格差がなくなる。親が失業していても、辺境の村に住んでいても、公立学校に通っていれば、都心と同じく、最先端の教育コンテンツに基づく指導を受けることができるようになる。私立と比べても遜色ない学力が公立で身につくようになれば、親にとって、こんなに喜ばしいことはない。家庭環境や居住地域の多様性はむしろ人材の多様性につながり、日本社会の人材の多様化と底上げにつながる。

また、教師は長時間労働から解放され、生徒の指導や自己研鑽に使える時間が増える。今よりもっと1人ひとりの生徒と向き合えるようになるから、生徒のモチベーションも高まるし、課外活動の指導を外部のプロに任せることで、生徒の才能が開花する可能性も高まる。教師にとっても生徒にとっても、学校は今よりずっと可能性に満ちた場所になる。

　教育コンテンツの外部化は、教師の重要性を何ら減じさせることはない。教育の基本は、自分が「こうありたい」と思える立派な大人と巡り会うことにある。生身の人間である教師がそうした存在になれば、子どもたちはおのずと変わる。教師と生徒の関係が変われば、生徒同士の関係も変わる。いじめや不登校の問題も減っていくはずだ。

　公立の小中学校のレベルが上がり、学校の授業だけで事足りるようになると、学習塾には打撃と思う人がいるかもしれない。しかし、クラウド上の教材づくりの門戸を学習塾にも開けば、学習塾の新しい収益源となる。また、学校が不得意な領域はどうしても残るから、塾はそこを補完すればいい。たとえば、これからの時代に求められる創造性の高い人材を生み出すために、学習塾は先回りして新しい教育プログラムを提供すればいいのである。ノウハウが確立されれば、公立学校の側も遅れて取り入れることができる。

　資源の少ない日本にとって人材は最大の資産である。1872年（明治5年）、明治政府は、学問を「身を立つるの財本」と定義し、財本に磨きをかけるためのインフラとして学校制度を創設、公教育を普及した。人口減少が進む時代には、この財本に一層の磨きをかける必要がある。どんな家庭で生まれようが、どこに住んでいようが、誰ひとり取り残されることなく、すべての子どもたちが持てる能力を開花させ、活躍できるような社会を実現したい。IoTは明治以来の公教育の理想の実現を後押しする（図3-1）。

図3-1　教育IoTのプラットフォームシステム

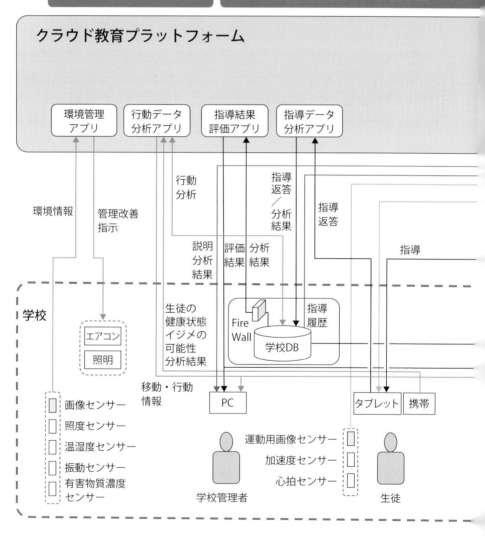

出所：著者作成、2018年

第3章 公共IoT：Society5.0の地域モデル

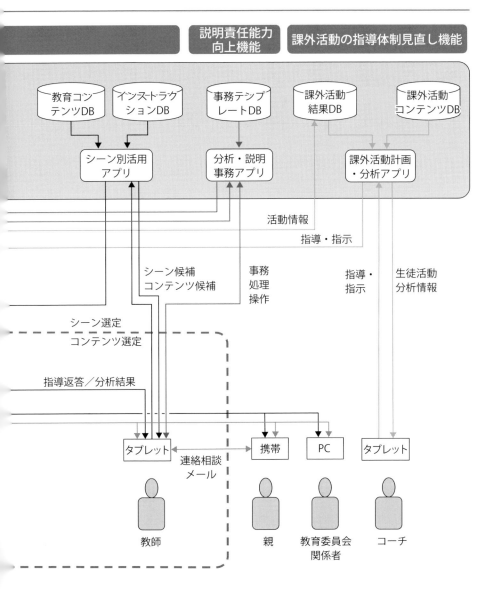

2　介護サービスIoT

【概　要】

　介護が必要な事態に直面すると誰もが戸惑う。良い選択をしたいと思うが、何を基準に対処すればよいかわからない。老いは必然なのに、多くの人が十分な準備も知識もないまま介護と向き合わざるを得なくなるのが現実だ。

　介護サービスを利用するには、介護サービス計画（ケアプラン）の作成を支援してくれるケアマネジャー（介護支援専門員）への相談が必要だ、ということも経験して初めて知る人が多い。

　ケアマネジャーは、現状の介護保険制度では介護の要であり、関係者間をつなぐハブ的な存在だ。その業務は、ケアプランの作成（面接・相談→アセスメント→サービス計画の作成）、利用者である高齢者と介護事業所・医療機関の間に立っての連絡調整（サービス調整→サービス担当者会議）、モニタリング（サービス利用状況の確認）、介護保険の給付管理（給付に関わる書類の作成など）など多岐にわたる。これを何人もの高齢者を相手に行うのだから、多忙を極めることになる。

　在宅介護を支援する居宅介護支援事業所では、利用者35人に1人の割合でケアマネジャーを配置することが義務づけられている。つまり、最大35人の高齢者を1人のケアマネジャーで受け持つということだ。額面どおりの役割を果たそうと思えば、大変な負担となることは容易に想像がつく。

　一方、高齢者とその家族にとっては、どのようなケアマネジャーと出会うかで、介護の満足度が変わる。厚生労働省をはじめ各種機関の調査結果を見る限り、ケアマネジャーに対する満足度はおおむね高い。ただしケアマネジャーと日々接する人達に聞くと、ケアマネジャーの資質・能力・専門性・勤務態度が個人によってマチマチで、作成するケアプランの内容や高齢者の支援方法に、属人的な偏りが出てしまうことを問題視している人も少なくない。

　当のケアマネジャー自身のかなりの割合が、自らの能力や資質に不安を抱えている。厚生労働省の調査では、勤務上の悩みとして「自分の能力や資質

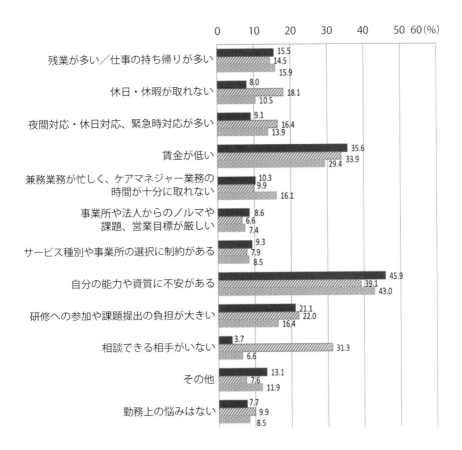

出所:平成27年度「居宅介護支援事業所および介護支援専門員の業務等の実態に関する調査研究事業報告書」

図3-2　勤務上の悩み（ケアマネジャー調査票）（複数回答）

に不安がある」を挙げたケアマネジャーが多く、事業所勤務のケアマネジャーでは4割以上が不安を訴えている（**図3-2**）。「介護のプロ」だと思ってケアマネジャーのことを信頼しようとしている側にすれば、看過できない事実である。

　もっとも、ケアマネジャーが不安を抱えるのも無理はない。走りながら考えることを旨として創設された介護保険制度は、5年ごとに内容が変わる。

地域のサービス提供事業者も改廃があるし、人の異動やサービス内容の変更もある。新しい学説や効果的なケアの方法が出てくれば、その勉強もしなければいけない。これらすべてに目配せしながら、高齢者とその家族に最適なプランを提案する「介護のプロ」であり続けるには、相当な努力がいる。

求められる役割も拡大している。国が、「日常生活の場（日常生活圏域）での切れ目のない支援体制（地域包括ケアシステム）の構築」を目標とするようになってから、ケアマネジャーには、医療機関をはじめとするさまざまな支援者との連携の中でケアマネジメントを行うことが求められるようになっている。しかし、肝心の医療機関との連携すらままならないのが実態だ。

図3-3は医療機関との連携に関して介護サービス事業者側が感じている問題点を示している。ここから浮かび上がってくるのは、医療側が介護側をあまり当てにしておらず、介護側が医療側に情報提供したくともその機会を持つことが難しいという現実である。また、「入院したことがすぐにわからない」という回答が多いことからは、ケアマネジャーが高齢者の状態を把握できていないケースが少なくないことも窺われる。

上記から見える介護サービスの課題の解決策は以下の4点に整理できる。

第1に、ケアマネジャーのケアプラン作成業務の支援である。頻繁に見直しされる制度の中身、日々変わるサービス提供事業者の動向、より望ましいケアの方法に関する知見などを反映しつつ、個々の高齢者の状況に合わせた最適なケアプランを作成できるようにする。

第2に、高齢者の支援機関の間での連携促進である。ケアマネジャーに過度の負担をかけず、必要なときに必要な人に必要なデータが共有される仕組みをつくり、支援機関同士がスムーズに連携できるようにする。

第3に、高齢者のモニタリング機能の向上である。高齢者を定常的・定量的にモニタリングできる仕組みをつくることで、サービスの効果や課題が「見える化」されるとともに、高齢者に何か異変があったときに早期に検知・対応できるようになる。

第4に、以上を実現する前提として、高齢者の個人DB（データベース）を構築する。これにより高齢者自身が自らの医療や介護や生活に関するデータを保持する仕組みをつくる。

第3章 公共IoT：Society5.0の地域モデル

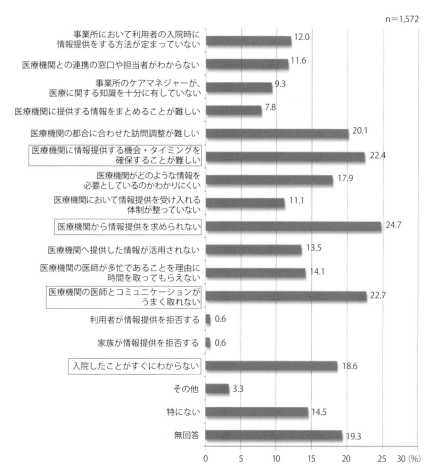

出所：厚生労働省、平成28年度「居宅介護支援事業所及び介護支援専門員の業務等の実態に関する調査」

図3-3　入院時の情報提供において問題と感じる点（事業所調査票）（複数回答）

これらを反映したIoTのシステムは以下のとおりである。

【システム内容】

（個人DBの構築）

・高齢者は、クラウド上に個人DB（データベース）を設定する。
・高齢者は、個人DBに、健康診断の結果、病院での診察内容、薬の処

方、介護サービスの内容、ケアマネジャーの所見、家族による所見や生活情報、身体データ（血圧、心拍数、体温、呼吸数など）を集約する。
- 上記データは、本人ないしは家族による入力、携帯端末を使った診察結果、処方箋の読み込み、画像データによる生活情報の取得、ウェアラブルセンサーによるデータ計測などにより蓄積される。

（ケアプラン作成業務支援機能）
- 高齢者は、ケアマネジャーとの面談の際に個人DBを開示する。
- 家族およびケアマネジャーは、個人DBモニタリング用のアプリケーションを用いて高齢者の個人データの入力、開示の経緯の確認が可能となるようにする。
- ケアマネジャーは、ケアプラン作成支援アプリケーションを用いて、ケアプランを作成する。ケアプラン作成アプリは、制度、サービス、高齢者によるサービス評価などの情報を蓄積した介護DBと高齢者の個人DBとを照合しながら、最適な介護サービスをケアマネジャーに提案する。
- 行政機関は、ケアマネジャーが作成したケアプランの内容を確認する。必要に応じて関係機関の意見などを確認する。
- 行政機関は、個人データは匿名加工した上で、高齢者やサービス状況に関するデータを蓄積・分析することにより介護行政の改善などに努める。

（支援機関間の連携支援機能）
- 高齢者は、ケアマネジャーとの面談、病院での診察、その他在宅での支援機関との面談などの際に、個人DBを開示する。各支援機関は高齢者の許可（必要に応じて家族の）を得た上でアクセスIDを取得し、高齢者の個人DBにアクセスする。
- 各支援機関がアクセスしたデータや入力したデータの履歴は、高齢者の個人DBで集約管理される。

（サービス利用状況のモニタリング機能）
- 高齢者は血圧、心拍数などを計測するウェアラブルセンサーを装着する。血圧などが警告レベルに達した場合、家族ないしはケアマネジャーにアラームが通知される。通知を受けた家族ないしはケアマネジャー

は、必要に応じて、支援機関に専門的な支援を求める。
- センサーが測定したデータは、高齢者の個人DBに格納され、利用サービスと関係づけられる。
- 家族・ケアマネジャーは、高齢者の個人DBに定期的にアクセスし、サービス利用評価アプリを通じて、高齢者向けサービスがどのような効果をもたらしているかを確認する。

【効 果】
(ケアプラン作成業務)
- ケアプラン作成アプリにより、ケアプラン作成に要する時間は大幅に短縮される。また、介護DBと個人DBを照合の上、最適な介護サービスが提示されるため、ケアマネジャーの資質、能力、経験年数などに左右されることなくケアプランが作成できるようになる。
- 行政機関は、ケアプランに関するデータを蓄積・分析することで、サービス事業者ごとの利用頻度、サービスレベルなどを比較・評価できるようになる。それにより、効率的かつ効果的なサービス事業者の監督・指導、行政運営が可能になる。

(支援機関間の連携)
- 高齢者の個人DBを通じて支援機関の間での情報共有が進み、実質的な連携が進む。これにより、特に介護、医療間の連携がスムーズになり、時間短縮、重複業務の解消などが進む。
- ケアマネジャーと医療機関との連携が進むことで、高齢者や家族のケアマネジャーに対する信頼感が向上する。医療機関においては、的確かつ迅速な医療措置が可能となる。
- 地域包括ケアの体制が整い、高齢者は、自宅で自立して生活していた段階から介護サービスを受ける段階、さらに施設に入居する段階への移行が不安なく行えるようになる。

(サービス利用などのモニタリング機能)
- 高齢者とその家族、ケアマネジャーは、高齢者個人のデータを定常的に分析することで、高齢者向けサービスの利用状況や効果、ケアプランの妥当性を確認できる。その結果をケアプランの作成やサービスに反映す

ることで、高齢者向けサービスの効率性や効果が向上する。
・高齢者に何らかの異変があったときは、家族とケアマネジャーがタイムリーに異常事態を把握できるため、医療機関の手配など迅速な対応を図ることができる。

―小 括―

　ケアマネジャーが、ケアプラン作成アプリの支援を得ながらケアプランを作成するようになることで、ケアマネジャーの資質・能力・専門性に関係なく、高齢者とその家族にとって最適なケアプランが作成されるようになる。介護に関する経験も知識もなく、何が正しい選択かを判断しづらい高齢者とその家族にとって、作成されるケアプランにケアマネジャーの属人的な偏りがなくなるのは喜ばしいことだ。

　サービス利用状況のモニタリングを通じて、ケアプランに基づくサービスの効果が「見える化」されることも大きい。高齢者とその家族は、サービスの効果検証を通じてケアプランの妥当性を評価できるようになり、より望ましいケアプランのあり方について、ケアマネジャーとの対話ができるようになる。サービス利用の効果というエビデンスに基づく高齢者とその家族からのフィードバックは、ケアマネジャーにとっても良い刺激となるだろう。

　ケアマネジャーは、ケアプラン作成アプリのおかげでケアプランの作成に要する時間を大幅に短縮できる。モニタリングも効率化されるので、支援の質を下げることなく、以前より多くの高齢者を受け持つことが可能になる。それは慢性的な人手不足の解消に役立つだけでなく、介護事業者の収益性を高め経営を改善する。ケアマネジャーの収入増にもつながるはずだ。図3-2では、ケアマネジャーの2番目に多い悩みは賃金の低さとなっている。

　ケアマネジャーは、ケアマネジメントの要と位置づけられているが、従来のケアマネジャーの仕事は、情報の確認と関係者間の調整が中心であった。だが、高齢者が個人DBを持つことで状況は一変する。これまでバラバラだった高齢者の健康や医療に関する情報が個人DBに集約されることで、ケアマネジャーの情報確認に要する時間は大幅に短縮される。関係者間の調整においても、個人DBを仲立ちにすることで、ケアマネジャーの資質・能

力・専門性に左右されずに、同じ情報を正確に関係者間で共有できるようになる。その結果、関係者それぞれが、それぞれの専門機能を発揮すべき部分が明確になり、自然と連携が進む。これら関係者間の連携を前提に、高齢者にとって最適なケアマネジメントをコーディネートするのが、今後のケアマネジャーの中心的な業務になる。情報収集や関係者間調整に走り回ることがケアマネジャー本来の仕事ではない。

高齢者の個人DBは、使用期間を拡張すれば、介護に対する備えとしても役立つ。介護が必要になる前からDBを持ち、健康・未病・病気に関する情報を蓄積するとともに、介護が必要な状態になったらどのような介護をして欲しいかを家族と話し合い、DBに記録しておくのである。こうすることで、介護に対する家族間の意識を共有することもできるし、高齢者と家族の意向をケアプランに反映しやすくなる。高齢者が個人DBを持つことは、介護に直面したときに、高齢者とその家族がより良い選択をできることを促すだろう。

2000年の導入以来、介護保険制度は、「利用者本位」を原則としてきたが、何をもって利用者本位とするかが曖昧だった。だが、上記のようなシステムを構想すると、情報を高齢者個人に集めることが利用者本位の原点だということに気づく。高齢者の個人DBに情報を集約すれば、個人DBを仲立ちにした連携が自然に進む。そういう中から、利用者本位の地域包括ケアの体制も立ち上がってくるはずだ。ケアマネジャーのためでも、介護サービス提供機関のためでもない、真に利用者本位と言えるケアマネジメントは、高齢者個人がDBを持つことから始まる（**図3-4**）。

図3-4 介護IoTプラットフォームシステム

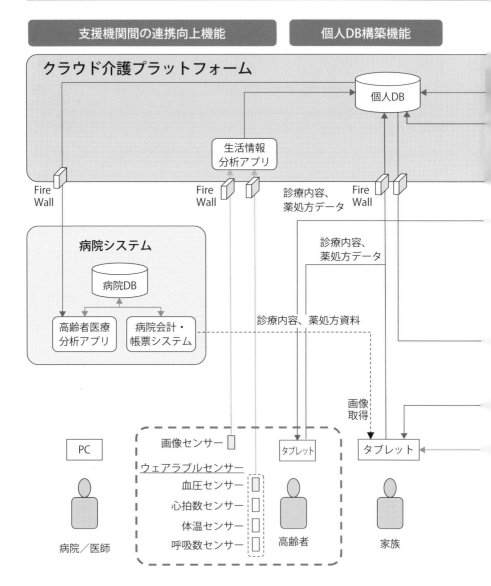

出所：著者作成、2018年

第 3 章 公共 IoT：Society5.0 の地域モデル

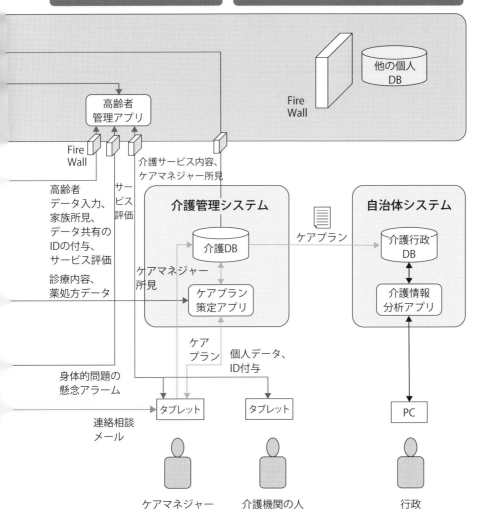

3 地域医療IoT

【概要】

日本は1961年に国民皆保険を実現した。公的な医療保険の支えにより、いつでも気軽に医者に診てもらえる安心を世界に先駆けて制度化したことは、日本が世界に誇れる歴史だ。

一方、国民皆保険には、「何かあったら医者に行けばいい」という人を増やし、健康管理の意識を薄れさせている、という側面もある。国民皆保険があるがために、医療に安易に頼り、医療費が増えるという現象が生まれていることも否めない。

2015年度の国民医療費は42兆3,644億円、前年度の40兆8,071億円に比べ1兆5,573億円増（前年比3.8％増）となり、過去最高を更新した。1人当たりの国民医療費は33万3,300円で、前年度の32万1,100円に比べ1万2,200円増えている（前年比3.8％増）。国内総生産（GDP）対比で見ても7.96％と、前年度の7.88％より0.08ポイント増だ（図3-5）。

国民皆保険と言っても、すべてが保険でカバーされるわけではない。国民医療費42兆3,644億円のうち、保険料で賄われているのは20兆6,746億円（全体の48.8％）で、患者負担・原因者負担分の5兆2,183億円（全体の12.3％）と合わせても全体の6割強に過ぎない。残りの4割弱（38.9％）、16兆4,715億円は公費による負担だ。内訳は、国が10兆8,699億円（同25.7％）、地方が5兆6,016億円（同13.2％）で、国庫負担は前年比3.2％増、地方負担は同5.4％増と、地方財政に対する負担が加速している。

増え続ける医療費を削減するには、病気になる人を減らすのが一番である。国が「健康寿命の延伸」を目標に掲げるのも、医療が必要な期間を減らし、医療費を削減したいからだ。現在、日本人の平均寿命は男性80.98歳、女性87.14歳だが、健康寿命は男性が72.14歳、女性が74.79歳となっている（2016年の数値。厚生労働省調べ）。平均寿命と健康寿命の差（男性で8.84年、女性で12.35年）は、本人が健康上の問題により日常生活に支障があると認識している期間、医療・介護のサポートが必要となる期間である。この

第3章 公共IoT：Society5.0の地域モデル

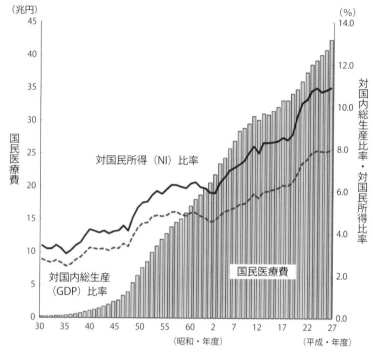

出所：厚生労働省「平成27年度 国民医療費の概況」

図3-5　国民医療費・対国内総生産・対国民所得比率の年次推移

差を縮められれば、医療費は削減できる。

　ここで重要なのは、心身は、「ここまでは健康」「ここからは病気」と切り分けられるものではないという認識を持つことだ。健康と病気はシームレスにつながっており、その間には「未病」と呼ばれる状態があって、未病対策が病気予防に大きな意味を持つ。しかし、今の地域医療のシステムには未病の人に働きかける術がない。

　介護サービスIoTを紹介した項でも述べた地域包括ケアシステムは、未病対策、病気予防を進める上でも重要である。未病は保険外のヘルスケアサービスが担う領域だが、たとえば、ケアマネジャーがつくるケアプランに未病のためのヘルスケアサービスを取り入れることで、医療側から未病へのアプローチが可能になる。

国も地域包括ケアシステムを基盤とした新しいヘルスケア産業の創出を目論むが、医療と介護の連携がままならない現状では、地域包括ケアシステムが未病対策まで担うことができるか心許ない。

　こうした地域医療の課題を解決する方策は、以下の3点に整理できる。
　第1に、健康→未病→病気のプロセスにシームレスに働きかける体制づくりである。個人が病気になってから対処するのでなく、普段の生活から健康を意識し、心身を整え、未病に備えられる仕組みをつくる。
　第2に、個人を起点とした健康・医療データの共有である。個人の健康・医療データベースに、個人が同意した相手がアクセスできるようにすることで、医療機関同士が、個人の同意を仲立ちに情報共有できるようにする。
　第3に、上記の前提として、個人が管理する健康・医療データベースをつくる。これによって個人のレベルでも健康→未病→病気の意識づけが進む。
　これらを実現するIoTのシステムは以下のようになる。

【システム内容】
(個人の健康・医療データベース)
- 地域住民は、スマホアプリを通じて、個人の健康データをクラウド上の個人DBに保存する。
- 個人DBの管理は地域住民自身が行う。DBにアクセスできるのは、個人と個人がアクセスを許可した者のみとする。
- 地域住民は、ウェアラブルセンサーを利用し、日常の血圧、体温、心拍数、歩行の歩数、睡眠状況などのデータを収集する。スポーツの実施状況などは都度入力する。これらのデータは個人DBに保管され常時確認することができる。
- 地域住民は、定期的な健康診断の結果、病院での検査や診察の内容、薬の処方などを個人DBに読み込む。医療機関などは、個人DBに読み込みやすい形で診察結果などを提供する。

(健康・未病・病気へのシームレスな働きかけ機能)
- 自治体は、地域内の健康領域、未病領域の情報紹介窓口を開設し、地域住民が医療機関、公的機関、健康・未病領域の専門家などの助言を受け

られる環境をつくる。また、健康・未病管理のための個人データの分析などを提供する事業者を紹介する。
- 自治体は、地域住民、専門機関、自治体が参加するコミュニケーションサイトを開設し、地域内での健康、未病、医療に関する意見・情報を交換できるようにする。

(医療・健康データ共有機能)
- 地域住民は、病院での診察などの際に個人DBに保存された健康データへの医師のアクセスに同意する。同意を得た医師は、アクセスした人の履歴を残すために自らのIDを入力して、地域住民の個人DBにアクセスする。
- 医師は、個人DBに保存された健康データを活用して、効率的かつ効果的な診断、治療、指導などを行う。
- 医療機関は、検査や診察の結果、薬の処方などの情報を個人に提供する。これらは個人DBに保存される。
- 医療機関、自治体は、提供に同意した個人の健康データを匿名化した上で集約し、域内の健康づくり活動や医療サービスの改善などに活用する。

【効 果】

(健康・未病・病気へのシームレスな働きかけ機能)
- 個人が自らの健康データベースを持ち、専門家とのコミュニケーションが増えることで健康意識が高まる。
- 個人のデータを分析した専門機関からの助言を受けることで、健康管理や医療に関する理解が深まる。
- 医療機関や自治体は、健康→未病→病気にわたる情報を交わすことにより、健康管理、効果的な医療などに関する知見が高まる。
- 医療機関は、地域住民に関する情報を反映し、経営の効率化を図ることができる。
- 自治体は、匿名化された健康データを分析することで、地域としての効率的・効果的な健康増進、医療の体制づくりを進めることができる。

(健康・医療データ共有機能)
- 個人DBを通じて医療機関の間での実質的な情報共有が進む。これによ

り、同じ検査を繰り返す二重診療が減り、診察時間が短縮され、医療費が削減される。
・医師は、健康管理、生活習慣、健康診断、治療歴など幅広い情報に基づく効果的な診察が可能になる。
・実質的な健康・医療関連の情報共有が進むことで、地域住民は、セカンドオピニオンの取得が容易になる。

―小 括―

　地域住民が健康データベースを持つことを通じて、健康意識が高まり、医療や健康に対する理解が深まり、いつでも専門家のアドバイスを受けることができるようになれば、生活習慣や食習慣が改善し、地域住民の健康レベルが向上するから、地域の健康寿命も延びるだろう。

　また、医療機関による診療・検査・治療のデータが共有されることで、セカンドオピニオンの取得も容易になる。特定の医療機関に閉じていた情報が地域内で共有されることで誤診が減り、地域医療に対する信頼性が高まると同時に、地域住民の医療情報に関するリテラシーも高まる。医療に関するリテラシーの高い個人が増えれば、医療への過度の依存も減るはずだ。

　これらの結果、健康な人が増え、病気になる人が減れば医療費は確実に下がる。予防医療は、1次予防（病気にならないようにすること。予防接種、食事、運動、禁煙など）、2次予防（早期発見・早期治療、検診など）、3次予防（病気を重症化させない。再発予防、経過観察など）に分かれるが、前段ほど対処のコストが安く医療費削減効果も大きいとされる。健康・未病・病気にわたるシームレスな働きかけは、医療費削減の一番の方策でもある。

　都道府県の1人当たり医療費（年齢調整後）は、最も少ない茨城県が30.7万円、最も多い佐賀県が41.3万円で、約10万円の差がある（2015年の数値。厚生労働省調べ）。健康・未病・病気のシームレスな取り組みで、佐賀県の1人当たり医療費が茨城県レベルに下がれば、1人当たり10万円、1万人で10億円の医療費が削減される。このうち、公費負担割合は38.9％だから、節約される公費は3.9億円程度になる（うち国費約2.6億円、自治体負担1.3億円）。人口1万人当たり1.3億円の負担削減は、人口85万人の佐賀県なら110.5億円の地方負担の削減に相当する。佐賀県の一般歳出約4,400億円の約

3％だ。全国平均で見れば、1人当たり医療費34.3万円が茨城県のレベルに下がると、1人当たり約4万円、日本全体（1.3億人）で5兆2,000億円の医療費が削減できる。公費としては国費負担1兆3,520億円、地方負担6,760億円で、計約2兆円程度の節約になる。

地域医療は、IoTの投資対効果が最も大きい分野と言えそうだ。

―個人データに関する付記―

介護サービスと地域医療のケースでは、前提として、個人が情報を蓄積・管理し、第三者に開示することで情報共有を図る仕組みを構想した。一般にはPDS（Personal Data Store）と呼ばれるものだ。

個人の健康や医療に関する情報共有の重要性・有効性は以前から指摘されてきた。しかし、健康や医療に関するデータは、個人情報の中でも特に扱いが難しく、行政や企業が一元管理しようとすると、データの受け渡しに関する本人同意の取得コストが膨大になること、情報漏洩した場合のダメージが大きく、リスク対策のコストが過大になることなどから、実現が難しかった。しかし、上記のように、個人がそれぞれクラウドにDBを持ち、都度、個人が同意した相手に開示する分散型のシステムにすれば、データ受け渡しのコストはかからないし、情報漏洩のリスクも低い。個人を仲立ちにすることで、事業者間での個人情報のやり取りなく情報共有ができるようになるから、事業者のデータ管理コスト、セキュリティ対策コストも大幅に減る。データの主権は個人にあるから、日本の個人情報保護法はもとより、最も厳しいと言われるEUの一般データ保護規則にも抵触しない。

東京大学の鶴田浩一教授は、こうした仕組みをPLR（Personal Life Repository：個人生活録）として提唱している。PLRは、PDSのうち分散型に当たるものだ。これに対し、国（総務省）は、データの管理を個人が専門機関（「情報銀行」）に預託するモデルも構想している。情報銀行を仲立ちとするPLRのような分散型に対して、集中型のPDSと言われる。

分散型（PLR）であれ集中型（情報銀行）であれ、個人にデータの主権が残る点は変わらない。国は、個人データはPDSを基本に管理・流通させる方針だが、介護サービスと地域医療で構想した個人DBのような情報の管理・共有の仕組みは今後、主流になっていくはずだ（図3-6）。

図3-6 医療IoTプラットフォームシステム

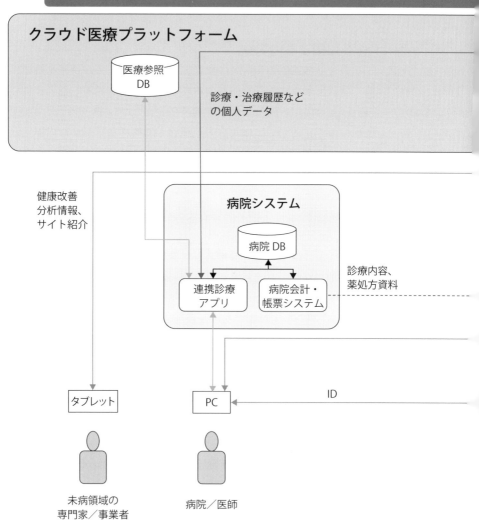

出所：著者作成、2018年

第 3 章　公共 IoT：Society5.0 の地域モデル

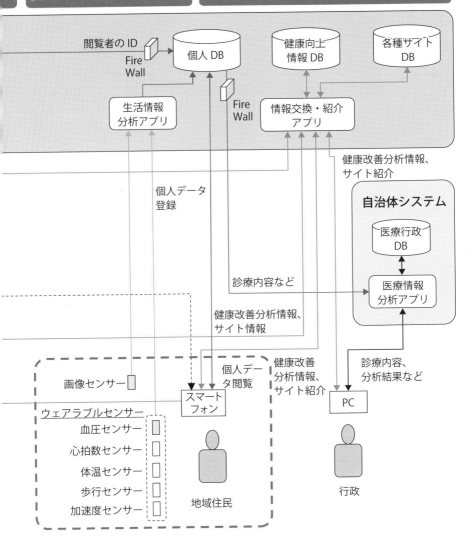

4 防災IoT（集中豪雨）

【概況】

　2018年7月、多くの地域で観測史上最大の雨量を記録した西日本豪雨（平成30年7月豪雨）では、31道府県で1,660件の土砂災害が発生し、119人の尊い生命が奪われた。亡くなられた226人のうちの約半数が土砂災害によるものだ。うち86人が亡くなられた広島県では、471件の土砂災害の発生を記録している（2018年8月7日時点、国土交通省調べ）。広島県では、2014年8月にも、豪雨による土砂災害で77人が亡くなられた。

　土砂災害には、土石流、崖崩れ、地すべりがある。岩や土砂が水とともに一気に流れ落ちる土石流は、時速20〜40kmもの速さになる。30°以上の急な斜面が雨や地震などで崩れ落ちる崖崩れもスピードが速い。それに対し、地すべりは、地下の粘土層に溜まった地下水が地面を浮かせて滑らせるような現象で、比較的緩やかな斜面で起きる。

　土砂災害のうち、豪雨によって発生しやすいのは土石流と崖崩れである。平成30年7月豪雨では、1,660件の土砂災害のうち、土石流534件、崖崩れ1,074件、地すべり52件となっており、土石流と崖崩れで全体の97％を占めていた。2014年の広島県豪雨では、166件の土砂災害のうち土石流107件、崖崩れ59件で、地すべりは起きていない。

　近年、時間降雨50mm以上の局地的豪雨の発生が常態化している。年平均の局地的豪雨の発生件数は、過去30年間で1.3倍になっている（図3-7）。豪雨の増加に伴い、土砂災害、特に土石流と崖崩れに対する備えが急務となっている。

　土砂災害の危険性が高い場所については、土砂災害防止法に基づき、都道府県知事が土砂災害警戒区域に指定することとされている。2018年3月末現在、全国で53万1,251カ所が指定されている。豪雨の発生増大を受けて、国は各都道府県に土砂災害警戒区域に指定すべき個所の調査と指定を急がせてきたが、平成30年7月豪雨で被害の大きかった広島県や愛媛県は、まさにこの調査を進めている最中であった。

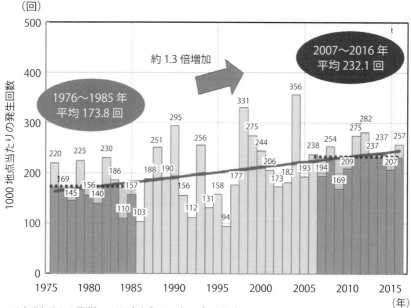

図3-7 「アメダス」1時間降水量50mm以上の年間発生回数

　すでに宅地になっている地域は、土砂災害警戒区域に指定されても、住民は住み続け、豪雨に見舞われると災害が起きる。人的被害を最小にするには、土砂災害の発生を事前に察知して避難を促すしかない。
　これまでも気象予報に基づく予測・警報発令は行われてきたし、ワイヤーセンサーなどを使った発生検知も行われてきた。しかし、前者は予測範囲が広く、警報が広域となるため効果的な対応は取りにくかった。また、後者は発生したことを検知するシステムのため、土石流や崖崩れのように速度の速い災害では、検知したときにはもう遅い、という事態に陥りがちだ。

　以上を踏まえると今後、土砂災害の発生を予知し、人的被害を最小にするためには、以下の3つの方向性が考えられる。
　第1に、人家や重要施設のある土砂災害警戒区域の常時モニタリングを行

う。近年、土中水分データのモニタリング・解析や振動センサーなどを活用することで、土砂災害の発生を予知できる技術が生まれている。これらを活用し、雨量、土中水分、変位、振動などのデータを常時モニタリングすることで、土砂災害の発生をピンポイントで予知できる体制をつくる。

　第2に、リアルタイムモニタリングのデータを、外部の専門事業者に委託して解析・予知する。予知は多くのデータを扱うほど精度が高まるから、自治体の枠を超えてデータを集め、解析することが効果的だ。

　第3に、住民への実行性の高い危険周知である。ピンポイントの予知に基づく、ピンポイントの避難勧告（指示）を行うとともに、支援が必要な避難者についてはあらかじめ対応策を講じ、できるだけ多くの人が早期に避難できるようにする。

　これらを反映したIoTのシステムは以下のとおりである。

【システム内容】

(常時モニタリング機能)
- 市町村は、土砂災害が起きやすい危険地域（土砂災害警戒区域と過去に災害があった旨を伝える石碑があるなどの地域）に、地面の変位計測器、土中の水分計測器、カメラなどを設置する。
- 市町村は、上流のダム、河川管理事務所から、ダムや河川の水位、管理情報を取得する。気象庁のサイトからは降水量の予測データを取得する。
- これらのデータをクラウド上のDBに保管し、いつでも遠隔でリアルタイムモニタリングができるようにする。DBには、地域の地質や地形のデータも入力される。

(外部委託による解析・予知機能)
- 都道府県ごとに、市町村が収集するデータの解析を外部専門事業者にできるだけ一括で委託する。受託した事業者は、リアルタイムで更新されるデータを解析することにより、土砂災害発生リスクをパターンごとに計算し、市町村および都道府県に通知する。
- 市町村は、通知を受け次第、土砂災害発生パターンを分析し、パターンに応じた最適な避難ルートを設定する。

- 市町村は、土砂災害が発生した場合、天候、地域内の状況、危険地域の情報などを事後収集し、DBに入力する。外部専門事業者は事後収集されたデータに基づき、解析方法の改善を図る。市町村の枠を超えたデータの比較分析を行うことで、改善の頻度を高める。

(住民への危険周知機能)
- 市町村は、リスクをいくつかのカテゴリーに分け、一定以上のカテゴリーに属した場合は、住民に避難勧告(指示)と最適な避難ルートを通知する。警察、消防、ボランティア団体にも災害リスク情報と避難情報を通知する。
- 市町村は、自治会と連携して世帯ごとの自立的な避難の実施可能性、世帯構成、災害情報の取得手段などの把握に努め、DBに入力する。
- 市町村は、避難支援が必要な世帯・個人に対しては、あらかじめ定めた支援体制により避難勧告(指示)の通知確認、早期の避難勧告(指示)、避難支援を行う。
- 警察・消防は、災害用ドローンにより避難状況を随時把握し、関係機関との情報共有に努める。
- 市町村は、大規模・甚大な土砂災害の発生が見込まれる場合は、速やかに都道府県や国に通知する。

【効 果】
(常時モニタリング機能)
- 豪雨が山地や河川にどのような影響を与えているかを、リアルタイムでモニタリングできるようになる。
- これにより、実際に災害につながる変化が起きる前から備えることができる。

(外部委託による解析・予知機能)
- 市町村は、土砂災害発生のピンポイントな予知が可能になり、的確な避難計画を早期に立てることができるようになる。
- 市町村は、自ら専門技術者を抱えなくとも、土砂災害発生のリスクを予知できるようになる。
- 外部の専門事業者は、市町村の境界を超えた広域のデータを入手・解析

することで、土砂災害発生のメカニズムの理解を深められるようになる。これにより予知のための解析モデルが改善され、より精度の高い予知が可能となる。
・外部の専門事業者は、土砂災害が発生した場合の事後データを解析することで、予知精度を継続的に進化させることができる。

（住民への危険周知機能）
・リアルタイムモニタリングに基づく発生予知が通知されるため、自治体、警察、消防などの初動が早くなる。
・ピンポイントの予知に基づく的確な避難勧告（指示）ができるため、勧告（指示）に対する信頼性が高まり避難の確実性が高まる。
・適切な避難ルートを想定した上で避難勧告（指示）を出せるようになるため、混乱の少ない、整然とした避難が可能になる。市町村は、平常時から、災害が起きた場合の土砂の流れのシミュレーションなどを行い、避難経路を確保することができる。
・支援が必要な世帯・個人を事前に把握することで、優先的な避難支援が可能となる。

—小 括—

　土砂災害を防ぐために土木インフラを強化することは重要だが、自然災害は、ときに想定を超えた規模で起きる。現に平成30年7月豪雨でも、同年2月に完成したばかりの治山ダムが決壊し、土木インフラに頼るだけでは、土砂災害に対処できないことを印象づけた。

　国土の70％が山地に覆われた日本では、土砂災害を完全に防ぐことは難しい。2007（平成19）年から2016（平成28）年の10年間の平均では、毎年1,051件の土砂災害が起き、31人の死者・行方不明者が出ている（**表3-3**）。毎年の人家の被害も307棟に及ぶ。平均して1,000件超は起きる土砂災害に対処することより、平均して31人の犠牲者をゼロにすることを目指す方が現実味がある上、人命尊重という方向性を明確にできる。

　IoTの導入はそれを可能にする。IoTのシステムは、災害を防ぐことより災害を予知し、発災のリスクを伝え、早期に的確に住民を避難させることに威力を発揮する。モニタリングから得られるデータを平時のシミュレーショ

表3-3　過去10年の土砂災害発生件数および被害状況

年	発生件数	死者・行方不明者	人家被害数	年	発生件数	死者・行方不明者	人家被害数
平成19年	966	0	230	平成25年	941	53	413
平成20年	695	20	121	平成26年	1184	81	504
平成21年	1,058	22	265	平成27年	788	2	117
平成22年	1,128	11	297	平成28年	1,492	18	317
平成23年	1,422	85	467	10年間の平均	1,051	31	307
平成24年	837	24	339	平成29年	1,514	24	701

出所：国土交通省

ンに活用すれば、安全な避難経路を割り出すなど、災害に対する備えを万全にすることにも役立つ。

　災害対策基本法では、災害予防と災害応急対策の一義的な責任を市町村長に負わせている。避難勧告の遅れにより人命が失われるようなことがあれば、責められるのは市町村長だ。市町村長が、災害対応の最前線の責任者としての責務を全うするためには、それ相応の武器が必要になる。その武器になるのがIoTだ。

　土木工事を行うには、巨額の費用と長い時間を必要とする。一方で、気候変動の速度はスピードを増し、自然災害も年々激しくなっている。国も自治体も財政が厳しくなる中、機動性に欠ける土木インフラ頼みの防災対策は、費用対効果的にも見合わないものになりつつある。

　IoTのシステムは、土木工事に比べれば投資額が少なくて済む上、整備に要する期間も短い。土砂災害の発生は防げないが、地域住民を守るための投資という意味では、土木工事よりずっと費用対効果が高いものになるはずだ（図3-8）。

図3-8 防災IoTプラットフォームシステム

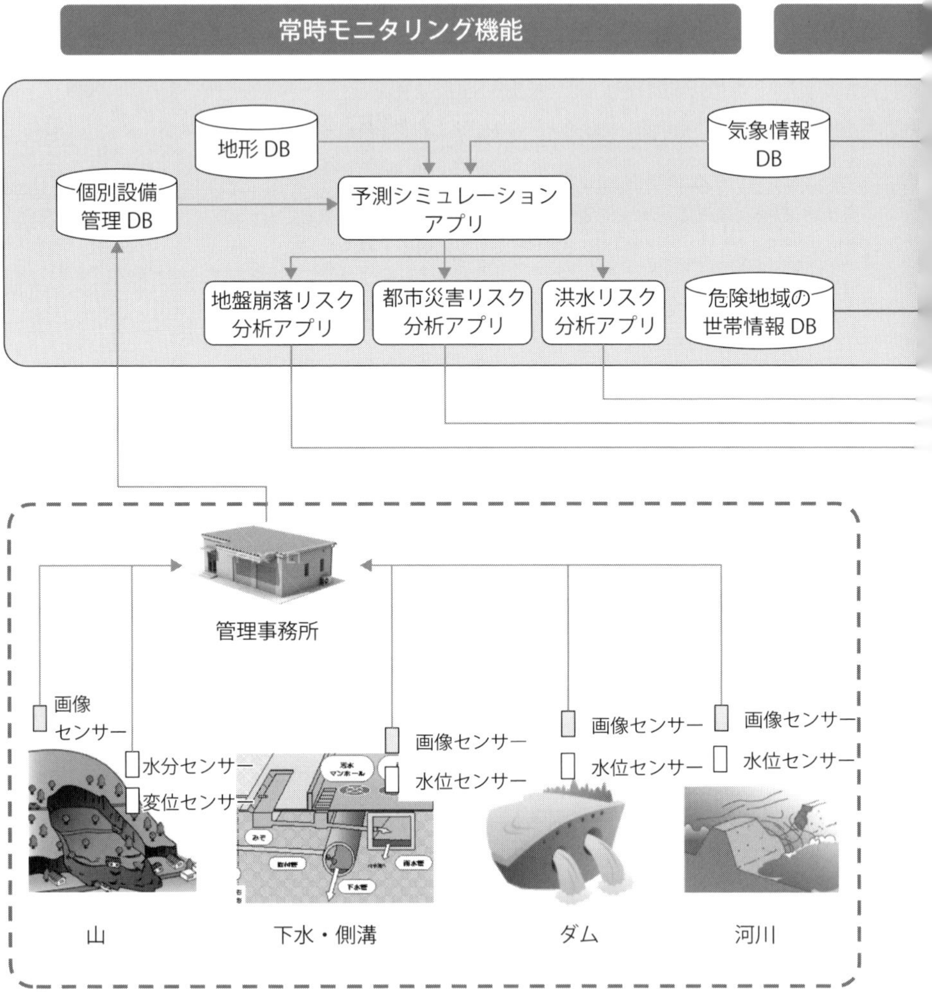

常時モニタリング機能

- 地形DB
- 気象情報DB
- 個別設備管理DB
- 予測シミュレーションアプリ
- 地盤崩落リスク分析アプリ
- 都市災害リスク分析アプリ
- 洪水リスク分析アプリ
- 危険地域の世帯情報DB

管理事務所

山	下水・側溝	ダム	河川
画像センサー 水分センサー 変位センサー	画像センサー 水位センサー	画像センサー 水位センサー	画像センサー 水位センサー

出所：著者作成、2018年

第3章 公共IoT：Society5.0の地域モデル

住民への危険周知　　外部委託機能

クラウド防災管理プラットフォーム

- 自治体運営管理DB
- 実行可能性を考慮した住民行動支援アプリ
- 災害対策管理アプリ
- 危機管理アプリ

支援要請／支援対応／状況報告支援要請／支援案内

- 災害警報、危険情報、被害予測、避難勧告 → タブレット（住民）
- 避難関連情報 ／ 支援要請 → タブレット（住民）
- 災害リスク情報、避難情報
- 災害リスク情報、行政側からの支援要請、支援案内 → PC（ボランティア団体）
- 支援案内 → PC（行政・警察）
- 状況報告 → PC（都道府県・国）

5　上水道IoT

【概況】

　山がちな国土は災害の元凶となる一方で、豊富な水資源をもたらしてくれる。日本列島に豊富に存する水は清潔で健やかな暮らしの基本となってきた。

　日本の上水道の普及率は全国平均で97.9％、東京・大阪の2大都市では100％に達している（2016〈平成28〉年度）。日本では、いつでもどこでも、蛇口をひねりさえすれば安全でおいしい水が手に入る。しかも、水道料金は、国際的に見てもかなり低水準にある（**図3-9、3-10**）。生命の源である水が、それこそ「湯水のごとく」に自由に使えることの有り難みは、日本を離れてみないと実感できないかもしれない。

　しかし、この素晴らしい水道インフラがいつまで続くのか心許なくなっている。

　上水道は、水道法に基づく公営事業として原則、市町村が経営することと

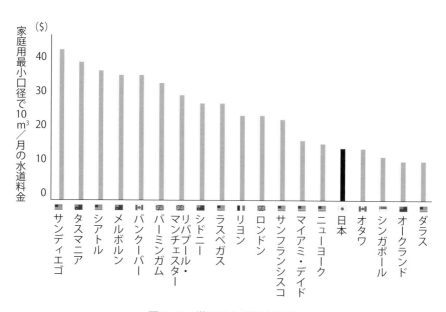

図3-9　世界の水道料金比較

第3章 公共IoT：Society5.0の地域モデル

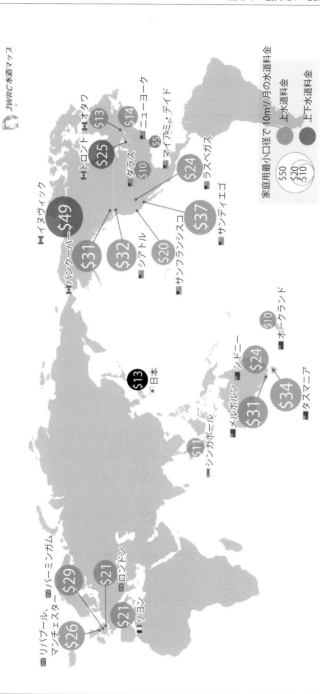

図3-10 世界の水道料金マップ

※イヌヴィック、トロントは上下水道料金を分離できないため、下水道料金も含みます。
日本の水道料金は平成25年度水道統計「家庭用料金」使用料金／月10m³を単純平均した料金です。
出所：図3-9、3-10ともに公益財団法人水道技術研究センターHP「水道の国際比較に関する研究」（2016年）からリンクのある「世界の水道料金マップ（JWRC水道マップ）」

81

されている。地方財政法に基づき独立採算制となっているため、人口が増え、給水人口が増えている間は健全な経営が可能だったが、近年は経営状況が悪化している。今後、本格的な人口減少局面を迎える中で、経営状況の一層の悪化が懸念されている。

　水道事業が直面している課題は主に3つある。

　1つ目は、水需要の減少＝料金収入の低下である。水道事業の収入の約9割は利用者が支払う水道料金である。その料金収入は直近では全国で2兆7,123億円だが、年々減少している（**図3-11**）。2010年に3,900万m^3／日だった有収水量（水道料金徴収の対象となる水量）は、2014年には3,600万m^3／日に減少し、2040年には2010年対比で約25％減、2060年には同約40％減になると厚生労働省は予測している。今は赤字の事業体は全体の1割程度だが、このまま料金収入の低下が続けば赤字に陥る事業体は確実に増え、値上げに踏み切らざるを得ないケースも出てくる。

　2つ目は、水道施設の老朽化が進んでいることだ。特に、水道資産の6割以上を占める配水設備（管路）の更新が進まない。管路の法定耐用年数は40年だが、40年を超えても更新されない管路の率（管路経年化率）が増えており、2014（平成26）年には全国平均で12.1％になっている。1年間で更新された管路の割合（更新率）も低下を続け、2014（平成26）年では0.76％に過ぎない。このペースだと全管路延長67万kmを更新するには130年かかる計算になる。管路の老朽化は、漏水や管の破裂による断水、水質の悪化などにもつながるため、安全で美味しい水の安定供給の基盤が根底から揺らぐ。

　3つ目は、職員数の減少である。水道事業に携わる職員数は過去30年間で3割減少している。特に、小規模事業体の職員数の減少が目立ち、給水人口1万人以下の小規模事業体では平均1～3人の職員で水道事業を回しているのが現状だ。職員数の減少により、専門的な知識・技術の伝承が難しくなるばかりでなく、設備の適切な運転・点検、調達・更新工事の発注、リスク対応の業務に支障をきたすようになっている。たとえば、点検業務を実施できている事業体の割合は、管路の日常点検で40.2％、同定期点検で25.6％、コンクリート構造物の定期点検に至ってはわずか8.5％に過ぎない（平成28年12月厚生労働省水道課調べ）。

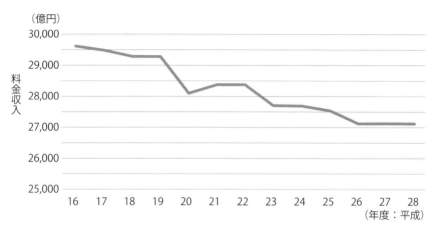

出所：総務省公営企業年間より筆者作成

図3-11　水道事業の料金収入の推移（簡易水道含む）

　このような事態を踏まえ、国は、事業体の合併による広域化を指導してきたが、料金や財政の格差、設備やシステムの違いなどから思うように進んでいない。また、広域化しても、水需要の減少や管路の老朽化などの水道事業が直面する根本課題が解決されるわけでもないので、視点を変えた方策が求められている。

　以上を踏まえると、上水道の課題解決方策は以下の4つに整理できる。
　第1に、上水道事業をできる限り無人でオペレーションすることである。すでに浄水場やポンプ場の多くは、中央の管制室から遠隔で稼働を監視・制御するシステムを採用しているが、ネットワークにつながっていないアナログ計器類も多く、結局、人手が必要な仕組みになっている。アナログ計器類をネットワーク化し、無人の制御・点検・モニタリングを実現する。
　第2に、振動センサーなどにより漏水など、管路の異常を早期発見し、ピンポイントに補修することで、管路の維持管理・更新に関わるコストを最小化することである。厳しい財政状況の中で、水道管路を法定耐用年数に従って更新していくことは現実的ではない。水道施設を維持するために必要なのは、使える資産はできる限り長く使うことだ。そのために、資産の状況を把

握し、ピンポイントの補修を可能にする仕組みをつくる。

　第3に、運営や非常時の対応を民間に委託することだ。合併による広域化ではなく、複数の事業体（市町村）にまたがる広域の運営を一括で民間に委託する。非常時については、民間のスタンドバイオペレーションで対応できるようにする。市町村は水道事業の主体者から、民間の運営業務の監督者に変わるのである。

　第4に、コストを透明化することである。水道事業の経営問題は本来、上げるべき水道料金を政治的理由などで上げなかったことによる面もある。IoTで水道事業に関するあらゆるデータを取得・分析し、公開するようにすれば、料金改定に対する合意形成も得やすくなる。

　これらを踏まえたIoTのシステムは以下のとおりである。

【システム内容】
（無人化機能）
- ポンプ場と浄水場に、それぞれポンプ圧力、水位、水量、振動、主要部の変位、施設内・周辺の画像などを計測するためのセンサー、制御機器、データ送受信機器を設置する。
- 上記のデータに加え、上水を取水する河川・水源の管理者からの情報を集約・分析することでポンプ場、配水管、浄水場の施設状況や運転状況を把握する。これらを遠隔管理することでポンプ場、浄水場の無人化を図る。

（管路管理機能）
- 配水管に水量、振動、主要部の変位、などを計測するためのセンサーを設置する。
- 振動データを分析することで漏水などの異常を検知し、要修理個所をピンポイントで特定、修理する。管路の必要な部分だけを更新することで、管路の延命を可能とする。

（運営の外部化）
- 水道事業者（市町村）は、水道施設の運営管理を民間に委託する。
- 運営管理業務を受託した運営管理者は、水道事業者（市町村）から提供される水道施設に関するデータにより、施設のメンテナンス計画を作成

する。同計画に基づき、メンテナンス業者に施設のメンテナンス業務を発注する。
- 運営管理者は、分析されたデータから、早急に対応すべき事態が発生したと判断される場合は、あらかじめ契約しているスタンドバイオペレーション事業者に対応を依頼する（スタンドバイオペレーション事業者は、地域内にスタンドバイオペレーションセンターを設置し、非常時対応を専門に請け負う事業者）。
- 運営管理者は、施設の運営管理の状況、メンテナンス事業者やスタンドバイオペレーション事業者によるメンテナンスや非常時対応の状況を集約したデータベース（水道DB）をクラウド上に構築する。
- 運営管理者は、水道DBのデータに基づいて、施設の修繕計画を策定し、市町村に提示する。市町村は、当該修繕計画に基づき、運営管理者への委託範囲を超えた修繕のための予算の確保、修繕工事の発注を行う。
- 運営管理者は、家庭や事業所の水道利用の状況、支払い状況のデータを水道DBに集約・保管し、施設の運営管理に関するデータと併せて、水道事業の運営管理状況を報告する。運営管理車は、市町村がいつでも水道DBのデータを閲覧できるアプリを提供する。

【効　果】

（無人化）
- 現場をほとんど無人でオペレーションできるようになるため、必要となる技術者が大幅に減る。必要な人材は、データに基づく施設管理の技術者に絞られるため、人材調達が容易になるとともに上水道事業の運営コストを低減できる。
- 熟練技術者の暗黙知に頼っていた管路の状況把握・分析が、システムにより実現できるようになる。技術人材の確保がボトルネックにならなくなるため、管路の状況把握・分析が進む。
- 外部に委託する業務も合理化されるため、受託する事業者においても人材調達の負担が減る。

(管路管理機能)
- 漏水など管路の異常の早期検知ができるため、漏水などによる損失が大幅に減る。将来的には、データが蓄積されることで、異常の予知が可能となるため、より効率的に負担回避できるようになる。
- 異常個所をピンポイントに特定、補修をできるため、管路を実質的な限界耐用年数まで使い続けることができる。
- 機械設備についても、オペレーションの適正化やピンポイントの補修により、実質耐用年数を伸ばすことができる。

(運営の外部化)
- 運営・調達業務を民間に任せることで、官民の役割分担が明確になり事業の運営効率が増す。
- 運営管理を民間事業者が広域で複数の事業体をまたいで運営するため、運営効率が増す。また、事業体間の横串を通したノウハウ、ベストプラクティスの共有が可能となり、質の向上と効率化が進む。
- スタンドバイオペレーションセンターが設置されることで、異常を検知した際の対応が迅速になる。
- データに基づく修繕、更新ができるため、官民双方で資金、人材の計画的な手当てが可能になる。
- データに基づく運営により事業の透明性、説明性が増す。

―小 括―

　ほぼ100％の普及率を誇る上水道インフラは、すでに整備の段階は終えている。いかに良いものを建設するかを考えていればよい時代は終わり、いかに効率的に運営するかが問われる時代になっている。道路や橋梁とは異なり、公営事業が支える上水道は公共インフラの中でも、特に運営ノウハウを問われるインフラだ。水需要が減り、管路が老朽化し、職員が減る中で、上水道インフラの維持管理・運営には、難しい舵取りが求められている。そこで、データとモニタリングによって、効率的・効果的な維持管理と運営を可能にするのがIoTである。

　上水道の管理点検マニュアルを見ると、いまだに多くの点検項目を目視に頼っていることがわかる。目視は定量化できないため、どうしても勘と経験

に頼らざるを得なかった。これからはセンサーが熟練した技術者以上の精度で変位や異常を検知できるようになるし、データを蓄積・解析することで、これまでは見えていなかった問題がわかるようになる。熟練技術者による目視に頼らなくなれば、市町村にとって人件費削減効果があるのはもちろん、人材確保に悩む必要もなくなる。

　管路や機械設備の耐用年数や交換時期は、平均的な利用を想定しての目安として示されている。設置環境や利用状況によって劣化の度合いは大きく変わるが、それがどの程度かは実測するしかない。設備メーカーやエンジニアリング会社も持っていない実測データを低コストで収集可能にするのがIoTだ。その結果、機械設備や管路の現況把握ができ、交換・更新・修理に関するミクロなマネジメントが可能になる。一方で、ミクロなデータを蓄積すれば、予知も可能となり、計画的な修理や更新ができるようになる。いわばマクロなマネジメントだ。こうしてミクロとマクロ双方のマネジメントを可能にするからこそ、IoTは上水道インフラの維持管理・運営の効率化に資するのである。

　IoTによって現況把握が進むから民間委託を進められる、という側面もある。現況が把握できていないものはそもそも民間委託できない。上述したとおり、水道の料金収入は約2.7兆円ある。右肩上がりの成長市場ではないが、IoTで見える化すれば、2兆円を超える規模の中で効率化できることが民間事業者にとって魅力となる。

　無人化し、委託できるところは委託し、それでもなお収支が合わないならば、値上げもやむを得ない。運営コストの可視化・透明化が進めば、値上げに対する合意形成もしやすくなる。水に対するコスト意識が低い日本でも、上水道の維持の「適正なコスト負担」が一体どれくらいなのかが、地域住民の側にも可視化されるのである。

　上水道インフラは、地域の生命と生活を支えていく上で欠かすことができない、最も基本的なインフラだ。それを官民で役割分担しながら永続的に支えていくことをIoTは可能にするのである（**図3-12**）。

図3-12 上水道IoTプラットフォームシステム

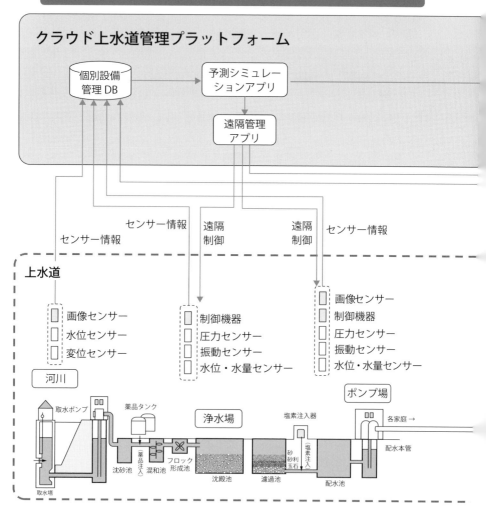

出所：著者作成、2018年

第 3 章　公共 IoT：Society5.0 の地域モデル

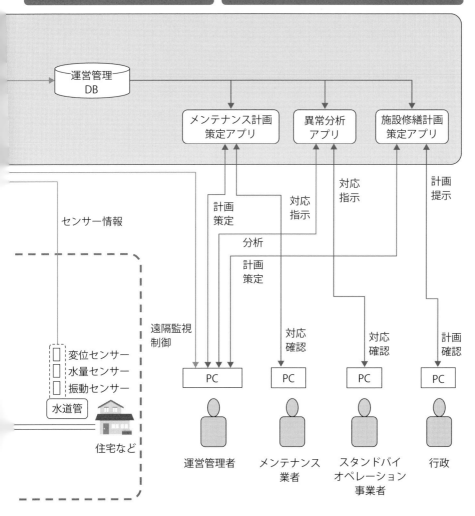

6 廃棄物IoT

【概 況】

都市基盤が壊滅した東日本大震災の被災地で大きな問題となったのが、排泄物とゴミの処理だ。廃棄物処理は、地域住民の健康で文化的な最低限度の暮らしを守る上で、欠かすことのできない都市基盤である。

わが国で最初の廃棄物処理に関する法律は、1900年に制定された汚物掃除法である。このときから、汚物（排泄物と廃棄物）の処理は、基礎自治体である市区町村の責務とされてきた。1970年制定の廃棄物処理法（廃棄物の処理及び清掃に関する法律）によって、一般廃棄物（ゴミ）と産業廃棄物を分け、産業廃棄物の処理責任については排出事業者とされたが、一般廃棄物の処理責任については、変わらずに市区町村が負っている。廃棄物処理は市区町村固有の事務（＝自治事務）であり、自治体らしさが出る業務の1つと言える。

市区町村が廃棄物の処理にかけている費用（清掃費）は2兆2,276億円と、市区町村の全歳出56兆5,351億円の4％を占める（2015〈平成27〉年度決算の数値。総務省「地方財政白書」）。民生費（35.8％）、総務費（12.5％）、土木費（11.8％）、教育費（10.4％）、公債費（10.2％）に次ぐ予算規模で、商工費（3.4％）や農林水産業費（2.5％）より大きい。

かつて市区町村にとって、増え続けるゴミの排出量は悩みの種であった。高度経済成長期に急増したゴミの排出量はその後も増え続け、1980年代には埋立処分のための最終処分場の残余年数が10年を切るなど、ゴミの処理は自治体にとって火急の問題となった。

土地が乏しい日本では最終処分場の適地は限られるから、ゴミの減量化が廃棄物政策の中心となってきた。その柱の1つが焼却処分（中間処理）によるゴミの減容化で、もう1つは、ゴミの排出抑制・資源化（リサイクル）を通じた減量化である。前者は焼却処理施設の増設で対応したが、後者については法整備を伴う制度化が必要なため、10年越しの対応となった。1991年の廃棄物処理法の改正（廃棄物の排出抑制と分別・再生を法律の目的に追

第 3 章 公共 IoT：Society5.0 の地域モデル

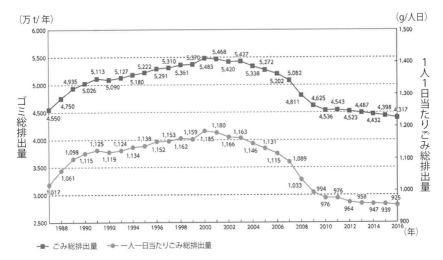

注1：2005年度実績の取りまとめより「ゴミ総排出量」は、廃棄物処理法に基づく「廃棄物の減量その他その適正な処理に関する施策の総合的かつ計画的な推進を図るための基本的な方針」における、「一般廃棄物の排出量（計画収集量＋直接搬入量＋資源ゴミの集団回収量）」と同様とした
 2：1人1日当たりゴミ排出量は総排出量を総人口×365日または366日でそれぞれ除した値である
 3：2012年度以降の総人口には、外国人人口を含んでいる

出所：環境省「平成30年版 環境・循環型社会・生物多様性白書」

図3-13　ゴミ総排出量と1人1日当たりゴミ排出量の推移

加）と資源有効利用促進法の制定を皮切りに、容器包装リサイクル法（1995年）、家電リサイクル法（1998年）、食品リサイクル法（2000年）など、各分野でリサイクルを進めるための制度が整備された。2000年には、その集大成として循環型社会形成推進基本法（循環基本法）が制定され、3R（発生抑制：Reduce、再使用：Reuse、再生利用：Recycle）に基づくゴミの減量化が本格化することとなった。

その成果もあり、ゴミの排出量は2000年をピークに減少を続け、今では1980年代後半の水準にまで戻っている（**図3-13**）。最終処分場の残余年数も全国平均で20.5年と、何とか20年を上回るようになった。

ただし、焼却処分されるゴミの割合が79％（2015年度の数値）と、焼却処分への依存度を高めてきたことが、ここに来て課題となっている。全国に1,210カ所存在する焼却施設（2016年度の数値）の維持更新費用が自治体の大きな財政負担となっているからだ。

1990年代から2000年代にかけて進んだリサイクルが、2000年代後半から頭打ちになっていることも問題だ。2007年度に2割を超えるまで順調に増え続けていたリサイクル率は、2割を超えたところで完全に頭打ちとなってしまった（図3-14）。政府は2020年度にリサイクル率を27％とする目標を掲げてきたが、達成は不可能な状況にある。

自治体のゴミ処理が抱える課題を解決する方策は以下の3つに整理できる。

第1に、引き続きゴミの減量に努めることだ。焼却処分への依存度を下げるには、ゴミの排出量そのものを減らすのが効果的だ。ゴミ袋の有料化など、個人に負担を転嫁することでゴミを削減する方策を多くの市区町村が取っているが、これをもう一歩進めた仕組みをつくる。

第2に、リサイクル率を高めることだ。OECD加盟国の堆肥化・リサイクル率の平均34％（欧州では40％）と比較すると、わが国のリサイクル率の低さが際立つ。リサイクルの基本である分別回収が今以上に進む仕組みをつくる。

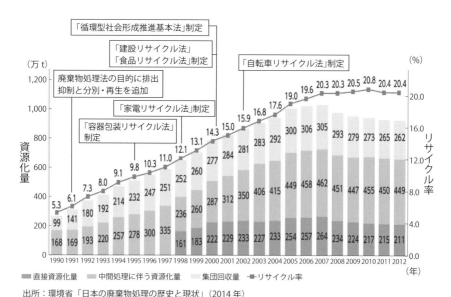

図3-14　資源化量とリサイクル率の推移

第3に、塵芥ゴミ（生ゴミ）のエネルギー利用を進めることだ。リサイクル率を高めるには家庭から出る塵芥ゴミのリサイクル（堆肥化、飼料化）が鍵になると言われる。しかし、都市部では、堆肥化、飼料化するのには限界がある。そこで、リサイクルではなく、バイオガス化して燃料として熱回収（サーマリリサイクル＝リカバリー）する仕組みをつくる。

　これらを踏まえたIoTのシステムは以下のとおりである。

【システム内容】

(ゴミの減量化)

- 市区町村は、一般廃棄物を分別の種類ごとに指定されたICタグ付きの透明の袋で回収する。ICタグには排出者の住所、氏名、分別種類など最小限のデータを保管する。
- ゴミの回収場所にカメラを設置し、不法投棄などの防止を図る。
- 排出者は、指定された日時に、指定されたゴミ箱に回収袋を投入する。ゴミ箱の投入口にICタグの読み取り装置、計量器、カメラを設置する。
- ゴミ箱に投入されたゴミの量は、ICタグと計量器により排出者ごとに自動算出する。カメラの画像解析により、明らかに指定外と判別されるゴミが混入している場合は、回収不可能である旨をアラームし、回収しない。
- 回収指定場所で収集されたデータは、定められた時間以内に市区町村のDBに送信する。
- 市区町村は、DBに収められたデータから毎月、排出者ごと、分別対象ごとに廃棄物の重量を集計し、あらかじめ定められた処理単価に基づいて処理料金①を算出する（後述の式を参照）。
- 市区町村から委託された回収事業者は、市区町村を介してリサイクル対象物をリサイクル事業者に有料で引き渡す。毎月、排出者ごとにリサイクル対象物の重量を集計し、リサイクル事業者への引き渡し額から算定された単価に基づきリサイクル収入②を算出する。
- 回収不可とされた廃棄物については毎月、排出者ごとに重量を集計し、あらかじめ定められた再回収などに関わる単価に基づいて請求額③を算出する。

・市区町村は、排出者に対して、毎月のゴミの処理料金（＝処理料金①－リサイクル収入②＋請求額③）を請求する。

（リサイクル率の向上）

・市区町村は、「厨芥ゴミ」「ビン・缶・ペットボトル」「紙類」「可燃類（プラスチックなど）」「その他（ガラス、陶器など）」などに分けて分別収集する。

・「ビン・缶・ペットボトル」「紙類」は、リサイクル事業者に引き渡された後、自動分別機によって分別しリサイクルする。「厨芥ゴミ」はバイオガスプラントに引き渡される（厨芥ゴミを分別しない場合は、自動分別機でバイオマスを分別する）。

（エネルギー利用の推進）

・市区町村は、回収された厨芥ゴミを粉砕・分別後、再利用に適さない廃紙類と混ぜてメタン発酵によりバイオガス化し、バイオ燃料を生成する。可燃ゴミとバイオガス化の残渣は乾燥して焼却処理する。

【効果】

（ゴミの減量）

・個人ごとの従量課金が可能となるため、ゴミの減量化が進む。

・毎月のゴミ量が可視化されるので、ゴミを増やさないように意識するようになる。

・ゴミが増えることを嫌う排出者は過剰包装を避けるようになり、商品購入に伴うゴミが減る。

（リサイクル率の向上）

・排出ゴミの個人識別が可能となる上、分別されていないゴミについてはアラームが発せられて回収されないため、分別が徹底される。

・燃料化による熱回収（サーマルリサイクル）が進む。サーマルリサイクル＝リカバリーはリサイクル率の計算には含まれないが、廃棄物の有効利用と減量化に寄与する。

（エネルギー利用の推進）

・バイオガス化により、焼却施設からの熱回収やゴミ発電に比べて高効率のエネルギー回収が可能となり、CO_2発生量も減少する。

・ゴミの焼却量が減るため、焼却施設の規模が小さくなり、廃棄物処理費用が下がる。
・水分が多い塵芥ゴミが焼却施設へ搬入されなくなるため、有害物質の発生リスクが低下する。

―小 括―

2000年に制定された循環基本法によって、資源の循環的利用と廃棄物処理については、①発生抑制（リデュース）、②再使用（リユース）、③再生利用（リサイクル）、④熱回収（サーマルリサイクル）、⑤適正処分（埋立）の優先順位とすることが法定化された。上記のIoTのシステムは、①発生抑制、③再生利用、④熱回収に焦点を当てたものだ。

日本のリサイクル率が約20％で頭打ちとなり、10年以上ほぼ変わらない値で推移しているのは、すでに自主的・自発的な取り組みで到達できる限界まで来ているからだ。リサイクル率をこれ以上高めるには、新たな動機づけの仕組みが求められる。

リサイクル率は自治体によって異なるが、日本の場合、人口規模の小さい市区町村の方がリサイクル率が高い傾向がある。リサイクル率ランキングの上位は規模の小さな町村ばかりだ（**表3-4**）。

たとえば、2003年に「ゴミゼロ」を宣言し、13種類45分別を行って81％（生ゴミに至っては100％）という驚異のリサイクル率を達成した徳島県上勝町の人口は約1,500人である。住民たちは山あいの狭い土地に顔が見える距離感で暮らしているから、誰がルールを破ったかがすぐわかるし注意もできる。また、回収場まで持ち込めない高齢者のゴミは、若者たちがボランティアで運んでいる。こうして全員で協力し合い、ときに注意し合える社会関係資本（ソーシャル・キャピタル）があるから、きめ細かなリサイクルのシステムが成り立つのである。リサイクル率の高い、規模の小さな町村も、多かれ少なかれ似たような状態にあるはずだ。

大都市圏には、小さな町村のようなソーシャル・キャピタルは存在しない。大都市圏でリサイクル率を高めようと思ったら、ソーシャル・キャピタルに頼らないシステムを考える必要がある。それを実現するのが、IoTである。上述したIoTのシステムなら、顔の見える人間関係がなくともルール順

表3-4　リサイクル率の高い市区町村

人口10万人未満			人口10万人以上50万人未満			人口50万人以上		
1. 鹿児島県	大崎町	83.4%	1. 岡山県	倉敷市	54.0%	1. 千葉県	千葉市	33.3%
2. 徳島県	上勝町	81.0%	2. 東京都	小金井市	50.2%	2. 新潟県	新潟市	27.9%
3. 北海道	豊浦町	80.7%	3. 神奈川県	鎌倉市	47.5%	3. 東京都	八王子市	26.0%
4. 鹿児島県	志布志市	74.7%	4. 東京都	国分寺市	40.1%	4. 愛知県	名古屋市	25.5%
5. 長野県	木島平村	70.3%	5. 埼玉県	加須市	39.1%	5. 福岡県	北九州市	24.9%
6. 北海道	小平町	67.1%	6. 東京都	調布市	37.3%	5. 神奈川県	横浜市	24.9%
7. 福岡県	大木町	66.7%	7. 東京都	東村山市	36.5%	7. 埼玉県	川口市	22.7%
8. 青森県	蓬田村	64.7%	8. 愛知県	小牧市	36.3%	7. 岡山県	岡山市	22.7%
9. 北海道	本別町	62.2%	9. 東京都	府中市	35.3%	9. 北海道	札幌市	22.6%
10. 北海道	足寄町	56.0%	10. 東京都	西東京市	34.6%	10. 埼玉県	さいたま市	22.5%

注）・ゴミ燃料化施設およびセメント原燃料化施設で中間処理された量（固形燃料（RDF、RPF）、焼却灰・飛灰のセメント原料化、飛灰の山元還元）、およびセメントなどに直接投入された量を中間処理後再生利用量から差し引きリサイクル率を算出
・東京都23区は1市として集計した
・市町村数は人口10万人未満が1,454、人口10万人以上50万人未満が237、人口50万人以上が28
・福島第一原子力発電所の事故による福島県内の帰還困難区域、居住制限区域、避難指示解除準備区域に係る町村は除外している
出所：環境省「日本の廃棄物処理」（平成28年度版）

守を促すことができるし、ゴミ減量化やリサイクル率向上に対する意識も高めることができる。

　日本でリサイクル率が頭打ちとなっているもう1つの理由は、厨芥ゴミのリサイクルが進まないことだ。現状、厨芥ゴミの大半は可燃物として分別・回収・焼却処理されている。全国1,210カ所の焼却処理施設の7割に当たる754施設で余熱が利用され、その半分近い358施設で発電もされているから、熱回収（サーマルリサイクル）は一定程度進んでいると言える。バイオガス化すれば、熱回収の効率は一層高くなる。メタン発酵によるバイオガス由来の電力は固定価格買取制度により、39円/kWhの高単価（2017年度）で販売できるというメリットもある。だから、たとえ熱回収装置のついた焼却施設がある場合でも、焼却処理は最低限にとどめ、熱回収は効率が良く買取価格も高いバイオガス化による方が合理的だ。

　バイオガス化により厨芥ゴミを焼却処理する必要がなくなれば、焼却処理

の量が減るから、焼却施設の近隣市町村との共有や外部の事業者への委託などにより、施設の実質的な統合が進み、焼却施設の維持管理にかかる費用を減らす。

　IoTによるゴミの回収システムは、間違いなくリサイクル率を確実に高める。国が目指す27％のリサイクル率達成が難しくなくなるだけでなく、OECD平均の34％も達成できるかもしれない。それ以上に期待できるのが、個人のゴミの発生抑制（リデュース）に対する意識の高まりだ。個人の意識の高まりが、スーパーなどで販売される商品の過剰包装見直しなどの動きにつながれば、社会全体でのゴミの発生は大幅に抑制される。昨今問題になっているビニール・プラスチックゴミの減量にも効果がある。IoTによる個人ごとのゴミの排出量と回収費の「見える化」は、自治体の廃棄物処理事業を根本から変える可能性がある（図3-15）。

図3-15 廃棄物/リサイクルIoTプラットフォームシステム

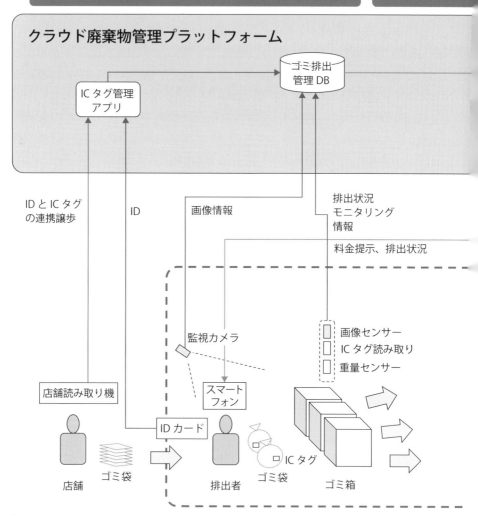

出所：著者作成、2018年

第3章 公共IoT：Society5.0の地域モデル

料金回収機能

- 排出量管理アプリ
- 排出適性管理アプリ
- リサイクル管理アプリ
- 料金算定アプリ

料金情報
排出適性性
リサイクル情報
プラント状況確認、遠隔操作

ゴミ収集・処理プロセス

ゴミ収集車 → リサイクル・ゴミ処理施設

PC　行政

PC　リサイクル事業者

99

7 インフラ管理IoT（橋梁、トンネル、道路）

【概 況】

　日本の社会資本は高度経済成長期に大量に整備され、列島改造ブームに沸いた1970年代に1つのピークを迎えた。このため、2020年以後になると、建設後50年を経過する社会資本の割合が急激に増える。

　道路インフラに含まれる橋梁やトンネルは、建設後50年が老朽化の1つの目安と考えられている。今後、一斉に建設後50年を迎えるインフラをどのように維持管理、更新していくかが大きな課題となる。橋梁とトンネルは、倒壊・崩落などの事故が大惨事につながり兼ねないため、いい加減な対応はできない。

　橋長2m以上の道路橋は全国に約70万カ所もある。このうち、建設年が分かっているものは約40万カ所だが、その43％が5年後の2023年に建設後50年を超える。トンネルは全国に約1万カ所あるが、その34％が2023年にはやはり建築後50年を超える（平成25年4月 国土交通省道路局調べ）。

　橋梁、トンネルの大半は地方公共団体の管理下に置かれている。約72万カ所の道路橋のうち、約66万カ所、実に91％が、地方公共団体の管理下にある。しかも、約48万カ所、66％は市区町村の管理だ（図3-16）。人口減少と財政が厳しさを増し、技術者の確保も問題となっている市区町村にとって、老朽化した道路インフラの維持管理が重荷になっている。

　2013（平成25）年12月に答申された社会資本整備審議会・交通政策審議会「今後の社会資本の維持管理・更新のあり方について（答申）」は、国土交通省所管の社会資本10分野（道路、治水、下水道、港湾、公営住宅、公園、海岸、空港、航路標識、官庁施設）の維持管理・更新費用は、2013年の約3.6兆円から、2023年には約4.3～5.1兆円、2033年には約4.6～5.5兆円になるとしている。悪化する地方財政は増え続ける維持管理・更新費用を負い切れない。

　国はこうした事態に対処するため、自治体に「インフラ長寿命化計画（公共施設など総合管理計画）」を策定させた。施設の新規整備の抑制、施設の縮減や複合化、計画的修繕による長寿命化、PPP/PFI（Private Finance

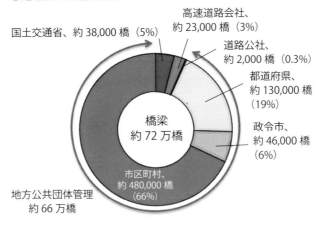

※この他に建設年度不明橋梁約23万橋
出所：国土交通省

図3-16　道路管理者別および建設年度別の橋梁数

Initiative）の導入などによる効率的・計画的な維持管理・更新を行うことを基本とする計画だ。

　しかし、従来の技術では、長寿命化の前提となる施設の現状把握とモニタリングに限界があった。たとえば、トンネルの点検は人の目視に頼るしかなかった。暗い中での目視では見落としがあるし、点検員による判断力の差も

ある。経験豊富なベテラン職員が引退する中で、技術の伝承も難しくなっている。また、点検時は片側通行規制となるため渋滞の原因になる、などの問題もある。

こうした状況に光明を与えるのがIoTである。センサーやカメラ画像の解析によって、高精度でバラツキの少ない監視・モニタリングが、低コストで可能となっている。2018年6月に閣議決定された「未来投資戦略2018」でも、「国内の重要インフラ・老朽化インフラの点検・診断などの業務において、一定の技術水準を満たしたロボットやセンサーなどの新技術などを導入している施設管理者の割合を、2020年頃までには20％、2030年までには100％とする」という目標が明記された。

道路インフラの中でも、重大事故発生抑制のために早期の対応が求められる橋梁・トンネルに関して、IoTを活用した長寿命化、および計画的・効率的な維持管理・更新のための具体的な方策は、以下の2点に整理できる。

第1に、目視に頼らない点検・モニタリングの導入である。センサーから収集されるデータとカメラの画像を解析すれば、目視以上の精度で異常検知が可能となる。

第2に、平時の点検・モニタリングから非常時の対応、更新計画づくりまでの業務を広く民間に委託することだ。道路は市町村や都道府県の管轄に関係なくつながっている一方で、個々の自治体にIoTの技術と人材を期待するのは現実的でない。自治体の管轄ごとに維持管理するより、民間事業者に広域を一括で委託した方が、効率的だし、IoTを効果的に使いこなせる。上水道IoTの項で述べたような、業務の外部化によるインフラ運営管理の仕組みは道路インフラにも適用できる。

これらを実現するIoTのシステムは以下のとおりである。

【システム内容】
【橋梁の場合】
(目視に頼らない点検・モニタリング)
- 自治体は、管理対象となる橋に加速度、ひずみ、振動を計測するセンサーを設置する。自治体から管理を委託された管理事業者は、センサー

から得られるデータをリアルタイムで解析して橋の構造上の安全を確認する。
- 管理事業者は、橋を俯瞰できるように配置された複数のカメラにより不審者・不審物、事故・故障車両がないか常時確認する。
- 管理事業者は、定期的にドローンにより橋梁表面の状況を把握する。

(管理の民間委託)
- 管理事業者は、上記で得られたデータを所定のフォーマットに従って、DBに保管する。
- 管理事業者は、センサーからのデータを解析し、構造上安全な状態のデータと比較する。問題と考えられるデータが検出された場合は、管理事業者は橋の現状を調査し、調査結果を自治体、必要に応じて警察に報告する。
- 管理事業者は、定置カメラの画像データを解析し、不審者・不審物、事故・故障車両などが存在する懸念がある場合、橋の現状を調査し、調査結果を行政、必要に応じて警察に報告する。
- 自治体・警察は、橋の使用に危険が伴うと判断した場合、通行止めなど必要な措置を取る。管理事業者においては、緊急の措置が必要と判断した場合はスタンドバイオペレーションセンターに連絡し、緊急の修繕、保護、補強など必要な措置を取る。
- 管理事業者は、ドローンにより取得したデータと振動などのセンサーから必要な補修などの内容を検討し、塗装など管理業務の範囲内の措置を行う。業務範囲外の修繕が必要な個所などについては自治体に報告する。
- 自治体は、管理事業者からの報告とデータベースに保管されたデータに基づき、第三者の専門機関に橋の修繕計画の策定を依頼する。自治体は修繕計画の内容を確認し必要な修繕業務を発注する。

【トンネルの場合の特記事項】
(目視に頼らない点検・モニタリング)
- 管理事業者は、トンネル内の画像データを撮影・収集できる専用車両を使ってデータを取得する。これに橋と同様に振動などのデータ、必要に

応じてドローンのデータを加えてトンネルの状況を把握し、橋と同様の体制で維持管理を行う。

【道路の場合の特記事項】
（目視に頼らない点検・モニタリング）
- 管理事業者は、路面の映像や道路構造物を撮影する装置を搭載した車両を走行させて、道路データを収集する。収集された道路データを画像解析にかけ、即時修繕が必要な個所が発見された場合は、担当者が現場を確認してスタンドバイオペレーションセンターに修繕を依頼する。
- 即時修繕個所以外の個所については、データ解析により劣化度合をランキングし、あらかじめ定められた年度予算に入るように、修繕スケジュールが自動設定される。管理事業者は自動設定されたスケジュールに基づき次年度の修繕のための手配を行う。
- 管理事業者は道路データを毎年収集し、修繕スケジュールをアップデートする。

【効　果】
（目視に頼らない点検・モニタリング）
- 道路インフラに関して、データに基づく正確な状況把握・診断が可能となる。
- 異常個所をピンポイントに特定、補修をするため、施設を実質的な限界耐用年数まで使い続けることができ、道路インフラの延命が可能となる。
- 万が一事故が起きたときなどにも、遡ってデータに基づく原因究明や倒壊・崩落のメカニズムの解析ができるようになる。その結果、危険を事前に予知できる確率が高まる。
- データと分析結果を蓄積・解析することにより、状況把握→診断→判定→措置という一連の業務の精度と効率性を高めることができる。
- 点検に人手がかからなくなるため、自治体も、自治体から管理業務を請け負う民間の管理事業者も、限られた人材をデータの評価、計画づくり、修繕などに集中することができる。

- 専門家や熟練技術者の知見に依存しない業務が可能となる。これにより、経験のない人でも道路インフラの維持管理業務に関わることができるようになる。
- 点検、工事のための通行規制が最小となり渋滞が減る。
- 修繕などを最適化することにより工事費を効率化することができる。

（管理の民間委託）
- 自治体ごとになっていた管理業務を広域化することで、自治体間の管理のバラツキがなくなり、道路インフラの信頼性が増す。
- 広域で管理するため、修繕が必要な場合などに交通に与える影響を考えながら修繕などを行うことが可能となり、渋滞の発生を抑制できる。
- 管理業務や非常時対応を民間に任せることで、官民の役割分担が明確になり、自治体は民間業務の指導監督、計画策定、予算獲得、住民対応などに集中することができる。
- データに基づく修繕、更新ができるので、官民双方で資金、人材の計画的な手当てが可能になる。
- スタンドバイオペレーションセンターにより、広域での迅速かつ専門的な対応が可能になる。

―小 括―

2012年12月、中央自動車道の笹子トンネルで天井板が落下する事故が起き、死者9人、負傷者2人の惨事となった。2018年8月、イタリアでは高速道路高架が崩落して、少なくとも41人が死亡した。笹子トンネルは1965年から75年にかけて建設され、イタリアの高架橋は1967年に完成した。どちらも、老朽化したインフラが適切に管理されなかったがために起きた事故である。同じような事故はどこでも起き得る。

道路インフラは、現代社会の動静脈である。道路インフラを信頼して使えなくなると、社会の効率は著しく下がる。地方部では一部の橋やトンネルが使用不能になれば、社会の機能が一気に損なわれる。トンネルや橋が通れなければ孤立してしまう地域もある。

だからと言って、老朽化したインフラをすべてつくり替えるような財政余力は日本にはない。安全にインフラの延命を図ることが、今の日本の至上命

題である。

　ニューヨークのブルックリン橋の開通は1883年だから、建造後135年以上を経ているし、サンフランシスコのゴールデンゲートブリッジは1937年の開通だから、80年以上が経過している。いろいろな条件が重なっているのかもしれないが、一般に考えられる耐用年数を超えても使い続けることができているインフラはたくさんある。老朽化したインフラをどこまで使い続けることができるか、日本としては高度経済成長期に築いた「団塊のインフラ」にどれだけ長く現役で働き続けてもらえるか、これから挑戦が始まる。それを可能にするのがIoTだ。IoTは、どこに危険があるかを「見える化」し、ピンポイントの修繕・補修を可能とする。この機能をフルに活用することによって、実質的な限界までインフラの延命化を図るのである。

　IoTによるリアルタイムのモニタリングやピンポイントの修繕・補修を効率的に行うために必要となるのが、官民協働での維持管理体制の構築だ。自治体の枠を超えた広域でモニタリングとデータ解析を任せることにより、個々の自治体ではできないデータの解析や活用が可能になるし、スタンドバイオペレーションセンターの専門性と効率性も高まる。自治体は、維持管理や非常時対応の業務から解放され、どの道路や橋やトンネルにお金をかけ、どこにかけないかなど、より大局的な視点で道路インフラの計画を考えることが可能になる。こうした体制と仕組みが実現すれば、老朽化したインフラでも安心して使えるようになる。老朽化したインフラに対して疑心暗鬼を抱く人が増えるであろうことを考えると、IoTと官民協働がもたらす安心は貴重だ。

　5年後の2023年には、主たるインフラの維持管理・更新に毎年5兆円規模が必要になると見込まれている。ただ、本当に5兆円が必要になるかどうかはこれからの対処次第だ。IoTと官民協働体制によって、安心して延命化が可能になり、仮に2割効率化できれば、毎年1兆円の費用が節約できる。インフラを安全に延命することは、財政面でも少なからぬ効果をもたらす（**図3-17**）。

column

IoTがインフラ修繕の概念を変える

　企業は国が定めた法定耐用年数に基づいて資産を償却し、そのためのコストは課税対象外とされている。これは、国が定めた償却期間中に資金を貯めて資産を更新しなさい、ということでもある。民間企業は古い資産を使っていると競争力が落ちるから積極的に設備を更新するが、建築物や社会インフラを耐用年数通りにつくり替える例はほとんどない。

　ニューヨークのエンパイアステートビルは竣工から80年を優に超えているが、いまだに現役である。サンフランシスコのゴールデンゲートブリッジも同じような時代に建設されているし、パリのエッフェル塔は100年を大幅に超えている。日本でも10年前に、霞が関ビルが竣工40周年を機に大規模なリニューアルを行った。これからも現役として活躍し続けることの証である。

　実際に建築物やインフラをどのくらい使い続けられるか、理論的に計算することはできない。利用状況やメンテナンスによっても実質的な耐用年数は大きく変わるし、モニタリングや修繕など技術の進歩の影響も受ける。使ってみないと、あるいは修繕してみないとよくわからないのが、建築物やインフラの本当の耐用年数の実態なのだ。

　本書では、IoTを使ってインフラを緻密に分析すれば、ギリギリまで使い切ることができるシステムを紹介した。将来は、インフラの傷みをピンポイントで建設時同様に直す技術が出てくるかもしれない。そうなると、大掛かりなインフラの更新工事は過去にものになる可能性もある。医学が人間の寿命を大幅に伸ばしたのと同じように、あるいはそれ以上に、革新技術がインフラの寿命を伸ばすことになるのだろう。

図3-17 インフラIoTプラットフォームシステム

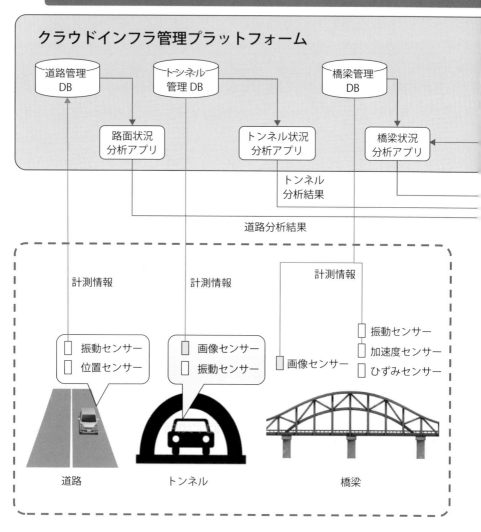

出所：著者作成、2018年

第 3 章 公共 IoT：Society5.0 の地域モデル

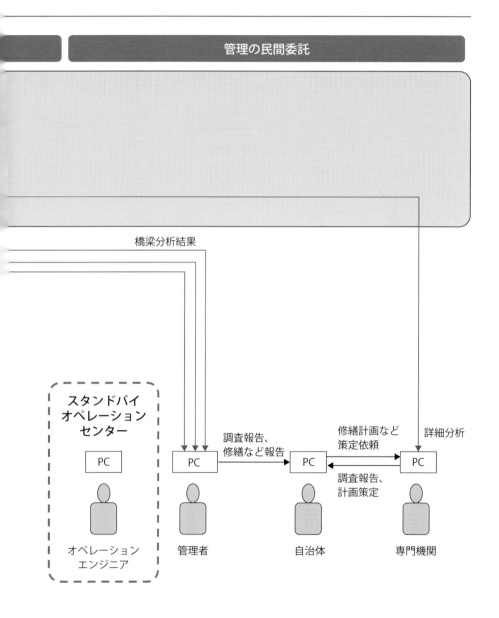

8 施設運営IoT（学校運営）

【概況】

　市区町村が所有・管理している公共施設のうち、個所数で約4割（36％）、延べ床面積で約5割（45％）を占めるのが小中学校の施設である（2014年の数値。文部科学省調べ）。小中学校の教員の任命と教職員の給与の支払いは都道府県・指定都市の責任だが、施設の設置管理は市区町村の仕事だ。義務教育を環境整備の面で支える責任を負う市区町村にとって、小中学校は、自らが所有・管理する公共施設の中で最多・最大規模のものであるという以上に重要な存在だ。

　文部科学省の「地方教育費調査」によると、2016（平成28）年度に支払われた学校教育費13兆4,761億円のうち、消費的支出（職員給与など、経常的に支払われる経費）は11兆1,670億円、資本的支出（土地費、建築費、設備・備品費、図書購入費など、将来に残るものに支払われる経費）は1兆5,012億円である。資本的支出のうち、1兆2,979億円が建築費で（修繕費も含まれる）、うち9,553億円（74％）が小中学校に使われている。建築費以外の資本的支出の内訳は公表されていないが、建築費に準じるとすれば、資本的支出の74％、1兆1,109億円が小中学校に使われた計算になる。市区町村は、毎年、この程度の費用を小中学校の施設の整備のために負担している。

　2011年の東日本大震災以来、学校施設管理の最優先課題は耐震化だったが、2016年度内にはほぼ対策を完了する目途がついた。そこで、文部科学省は2017年3月に、「学校施設の在り方に関する調査研究協力者会議」で論点を整理し、今後の学校施設のあり方の方向性を示した（表3-5）。

　当面の方向性としてのポイントは大きく2つだ。1つは、2020年から導入される次期学習指導要領などへの対応である。そして、もう1つは、以前から指摘されてきた学校施設が抱える諸課題への対応である。

　1つ目については、「主体的・対話的で深い学び」「チームとしての学校」「インクルーシブ教育システム」「ICT活用」という次期学習指導要領に示された学習目標の実現が課題である。バリアフリー化や多目的スペースの設置など、ハードウェアによる対応が必要な部分以外は、本章第1節第1項で取

表3-5　今後の学校施設のあり方に関する方向性

20、30年先の未来を見据えた学校施設の整備	短・中期的な課題に対応した学校施設の整備	
	学習指導要領改訂などへの対応	学校施設の諸課題への対応
○**学校は、地域の誰もが学び、活用する場**であるという視点に立ち、ユニバーサルデザインの採用をはじめ、**人に優しい施設**として整備していくことが極めて重要 ○子供たちが未来を切り拓くために必要な資質・能力（コミュニケーション、批判的思考、協力、独創性など）を身に付けていけるよう、**効果的な活動が展開できる学習環境**の計画が必要 ○これからの学校施設には、ICT活用や「主体的・対話的で深い学び」をはじめ、新たな学びに柔軟に対応できるよう、**フレキシブルな施設利用**を可能とする計画が必要 ○教育効果を高めるためには、機能面での充実だけでなく、「**学び心地**」「**教え心地**」といった面での満足度を高めるアプローチも必要 ○少子高齢化の進行の中、地域の拠点である学校施設を他の施設と複合して整備することにより、**地域の連携・協働活動の拠点**として位置付けるといった視点も有効	●「**主体的・対話的で深い学び**」の実現に向けた学習環境の整備 －多目的スペースやICT教育に対応したスペースの充実など、能動的（アクティブ）に学べる学習環境の整備 －教室と図書室との近接による深い学び学習への対応 －外国語教育を効果的に実施するための空間の確保 －学校間、異学年間の連携・交流を促す環境の整備 ●「**チームとしての学校**」の実現に向けた施設環境の整備 －教員が子供と向き合う時間的・精神的な余裕を確保できるような快適で機能的なワークプレースに転換 －教職員間の協働、外部専門家・地域住民などとの連携、情報管理などの観点から、機能連携・分化を考慮した管理諸室の整備 ●**インクルーシブ教育システムの構築**に向けた施設環境の整備 －障害者差別解消法が求める合理的な配慮への対応 －各校種ごとに求められるバリアフリー化のさらなる推進 ●**ICTを活用できる施設環境**の整備 －無線LANなど、空間の制約を超えて活用できる特性を発揮できるような施設環境の整備 －従来の教室空間とは異なる、ICTに適した室内環境（照明、内装、家具、電源など）の整備	●教育面や安全面、機能面を改善する**老朽化対策**の推進 －安全性を確保する観点からの老朽化対策の推進 －空調、トイレ整備など、劣悪な施設環境の解消による健康的な施設環境の確保 －音、温熱環境など、室内の基本性能の確保 －定期的な点検の実施、計画的な維持管理の実施 ●**環境に配慮した学校施設**の整備 －省エネルギー、省CO_2など、エコスクールのさらなる推進 －良好な学習環境を確保するための施設計画上の配慮（南側教室の見直し、採光上の工夫など） ●**避難所としての防災機能**の強化 －児童生徒に加え、地域住民の避難所として求められる防災機能の確保 －各校種ごとに求められる防災機能強化のさらなる推進 ●**少子高齢化に対応した学校施設**の整備 －地域の拠点施設としての複合的な整備 －地域ストックの有効活用の観点から、他の公共施設との共用化、相互利用の推進 －まちづくりの視点から、数十年単位での地域の施設ニーズを見据えた学校施設の整備

「今後の学校施設のあり方に関する方向性」の実現に向けての方策案

・学校施設整備指針の改訂　・計画・設計段階における対話型のプロセス導入
・官民連携の推進　・多様な財源活用の推進　・効果的な空間活用事例の収集・発信　など

出所：文部科学省「学校施設の在り方に関する調査研究協力者会議（平成28年度～）（第5回）・小中学校施設部会（平成30年度～）（第1回）合同会議 配付資料

り上げた教育システムのIoT化が有効な打ち手になる。「チームとしての学校」では、外部専門家や地域との連携が打ち出されており、学校を外部に開くことを前提にしたセキュリティの確保が新たに求められている。

　2つ目の「学校施設が抱える諸課題への対応」には別の打ち手が必要だ。喫緊の課題は老朽化対策である。築25年以上が経ち、修繕や改築が必要な学校施設は年々増加し、現在では8割近くに達している（図3-18）。すべてを建て替えるのは現実的ではないので、生徒の安全を確保しながら、どう長寿命化するかが基本的な方針となる。また、躯体はともあれ、空調もなく、設備も古い今の教室は、快適で健康的に学習できる環境とはとても言い難い。夏は暑く冬は寒い温熱環境は、生徒にとって不快なだけでなく、エネルギー効率や環境面でも問題がある。文部科学省は2017年度から、環境を考慮した学校施設の整備を「エコスクール化」と呼び推進を図っている。エコスクール化にも対応した、生徒が快適で健康的に学習できる環境の実現が求められている。

　これらを踏まえると、今後の施設運営の課題解決にIoTを役立てるには、

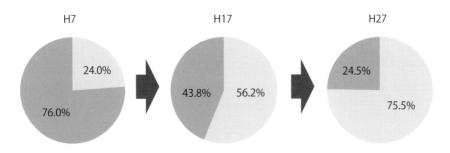

図3-18　築25年以上経過した学校施設の割合の推移

以下の3つの点での導入が考えられる。

第1に、安全で快適な学習環境の整備とエコスクール化だ。室内外の環境と生徒の体調をモニタリングしながら、環境性能を高めた学習効果の高い学習環境をつくる。

第2に、老朽化対策だ。インフラ管理同様、要修繕個所を早期に検知し、ピンポイントで計画的な修繕が可能な仕組みをつくる。

第3に、以上の民間事業者への委託である。水道IoTやインフラ管理IoTと同じように、データ解析を活かした施設の維持管理を民間事業者に委託する。

これらを反映したIoTのシステムは以下のとおりだ。

【システム内容】
(安全で快適な学習環境の整備とエコスクール化)
- 市区町村は、教室、廊下、体育館、校庭、屋上などに温度湿度センサー、有害物質センサー、カメラ、照度センサー(室内)を設置する。
- 配電盤からは電力使用量のデータ、給水メータからは水道使用量のデータ、空調などの設備からは制御データを収集する。
- 屋上などには太陽光パネルを設置する。
- 上記データを集約し、各所でパネルに表示する。また、生徒の持つタブレットにも表示用のアプリケーションを配布する。これを使って教師は、温度調節とエネルギー消費量の感度など、生徒の実感と実体験に基づく環境教育を行う。
- 管理事業者は、快適な学習に適した教室の温度湿度、照度を設定し、これらが保たれるように空調、照明を自動調節する。
- 校庭、体育館での運動時間には、熱中症などから生徒の健康を守るための制限温度・湿度を設定し、制限値を超える可能性がある場合は、学習内容を変更するよう、教師の携帯端末にアラームが送信されるようにする。
- 教室内のカメラは、席の配置、密集度、生徒や先生の動きなどのデータを収集する。これらのデータは管理事業者によって解析され、教育IoT

の項で述べたように、いじめの発生などを防ぐために活用する。
- 管理事業者は、校内の温度湿度、照度、および教室内の状況などのデータと教育成果の関係性を分析し、学習効果の高い環境づくりを目指す。
- 校内に自走式ロボットを巡回させ、画像データを収集する。管理事業者は、ロボットが収集する画像データと固定カメラの画像データを解析し、不審物、不審者がいないかを確認する。巡回ロボットは、保護者など学校に出入りする人については事前に学習し、見慣れない不審者を特定する。
- 不審物・不審者が発見された場合は、学校管理者に通知し、必要に応じ警備会社や警察に通報する。

(老朽化対策)
- 管理事業者は、自走式ロボットとドローンにより建物の外装の画像データを取得し、劣化状況などを分析する。
- 管理事業者は、自走式ロボットとドローンのデータから即時修繕が必要な個所を発見した場合は、市区町村の学校施設担当にデータを送る。市区町村の学校施設担当は、現場を確認した上で修繕を手配する。
- 緊急に修繕が必要な個所以外については、管理事業者は当該市区町村管内のすべての学校の要修繕個所の分析を行い、劣化度合いをランキングした上で、あらかじめ定められた年度予算に入るように修繕スケジュールを自動設定する。市区町村の学校施設担当は、自動設定されたスケジュールに基づき次年度の修繕のための手配を行う。

(民間事業者への委託)
- 市区町村は、管内の小中学校の施設の維持管理を一括して民間の管理事業者に委託する。
- 管理事業者は、学校施設に設置されるセンサー・カメラから収集されるデータを管内のすべての小中学校について分析する。異なる小中学校間での比較分析も行いながら、生徒にとって安全で快適で健康的で学習効果の高い環境の要件を探り当て、学校施設の運営に役立てる。
- 管理事業者は、市区町村内の全学校のデータの分析から、市区町村の年度予算に収まるよう、修繕計画の案を作成する。
- 管理事業者は、各学校のデータの分析結果や施設運営上の課題に関し

て、市区町村の学校施設担当に定期的に報告する。市区町村の学校施設担当は、管理事業者からの報告を受けて、今後の学校施設の整備方針と維持運営方針を検討する。

【効 果】
(安全で快適な学習環境の整備とエコスクール化)
・教室の環境が最適制御されることによって、学習に集中する生徒が増え学習効果が高まる。
・学校環境をモニタリングしている管理事業者からアラームが来るため、教師や生徒が熱中症や体調悪化に陥るリスクが減る。
・学校施設の利用状況と環境負荷、太陽光発電機の発電量やエネルギーの使用量の因果関係を理解できるようになり、実体験に基づく環境教育ができるようになる。これにより、環境意識が高まり、ムダなエネルギー消費を避ける行動が増え、エネルギー消費の最適化の効果と合わせて光熱費が下がる。
・学校が外部に開かれ、多くの部外者が学校に出入りするようになる中でも、不審者を特定することでき、侵入に対しても早期に対処できるようになる。

(老朽化対策)
・校舎の外壁の変位などを早期に検知・対応することで、壁の剥落などの事故がなくなる。その結果、安全を担保しながら施設の延命が可能となる。
・市区町村は、管理事業者からの報告に基づき、管内の学校の施設の劣化状況を把握し、優先順位をつけて計画的に修繕計画をつくることができる。

(民間事業者への委託)
・民間事業者へ管内の小中学校の施設運営を一括委託することにより、効率的な施設の維持管理が可能となる。
・市区町村が、管内の小中学校の状態を定量的に把握できるようになるとともに、データ分析から、生徒にとって望ましい学習環境の要件が把握できるようになる。そこから得た知見を活かした学校の施設整備の方針

をつくることもできる。

—小 括—

　今の小中学生の親の世代にとって、学校にエアコンがないことは当たり前だったが、時代は変わった。冷暖房完備の家が当たり前になり、空調や断熱が進化したことで、一年中、ほぼ一定の室温の中で暮らすことも可能になった。一方、温暖化の影響で夏は年々暑くなっている。40℃を超えるような猛暑も珍しいことではなくなった。

　そうした中、2018年7月には、愛知県豊田市で、熱中症で小1男子が教室で亡くなる痛ましい事故が起きた。炎天下での校外学習が原因のようだが、学校に戻ってから亡くなっているので、教室にエアコンがあれば、あるいは防げた事故かもしれない。文部科学省によれば、エアコンが設置されている小中学校の教室の割合は、2017年4月1日現在で41.7%である。豊田市の事故が起きてから、エアコン設置が遅れていた市区町村の小中学校で、エアコン設置に向けた動きが急速に広がっているが、生徒の健康・生命を守るのはもちろん、監督者である教師と学校の立場を守る意味でも、快適な環境の実現が急務となっている。四季を通じた快適な学習環境が実現すれば、学校に行くことを楽しみにする子も増えるはずだ。

　もっとも、単にエアコンを設置するだけでは効果も限定的だ。せっかくお金をかけるならば、健康面に加え、学習効果の面でも効果的な環境を整備したい。それを実現するのが、校内各所に設置したセンサー・カメラから収集されるデータを活用して、最適な環境制御と学習環境を同時に実現するIoTである。

　また、これからは、保護者や地域住民に加え、教師以外の多才な人材を学校空間に招くことが求められるが、それは不審者・不審物を招き入れるリスクも高める。そのリスクを極小化するのもIoTである。

　一方、こうした施策にはコストがかかる。IoT投資のための資金を確保するためには、学校施設の維持管理の中で、最もお金がかかる躯体に関して維持管理費を最適化し、できるだけ延命化を図り、更新投資を先延ばしすることが必要だ。ただし、それで事故が起きては元も子もないから、ドローンや巡回ロボットのモニタリングなどによって事故を未然に防ぐ。また、市区町

村内の小中学校すべてから集まるデータを元に、計画的な更新計画を立てる。これらの業務を一括して民間事業者に委託することで、大幅な費用削減、効率化が可能になる。

　光熱費の削減も重要だ。IoTによる最適制御は、エネルギー使用を最適化し光熱費を削減する。環境教育のための太陽光発電の導入や光熱費の「見える化」も、光熱費を下げることにつながる。実体験に基づく環境教育にもなる取り組みは生徒にとって「生きた教育」になる。

　上述したように、小中学校の施設運営（資本的支出）には毎年1兆円程度が使われている。文部科学省では、「将来に残るものに使われる経費」を資本的支出と定義するが、IoTへの投資は、生徒を生かし、学校の寿命を伸ばし、学校が内在する、学習環境としてのポテンシャルを最大化する。「将来に残る」お金の使い方として、IoTへの投資ほど効果的なものはない（図3-19）。

図3-19 施設運営IoTプラットフォームシステム

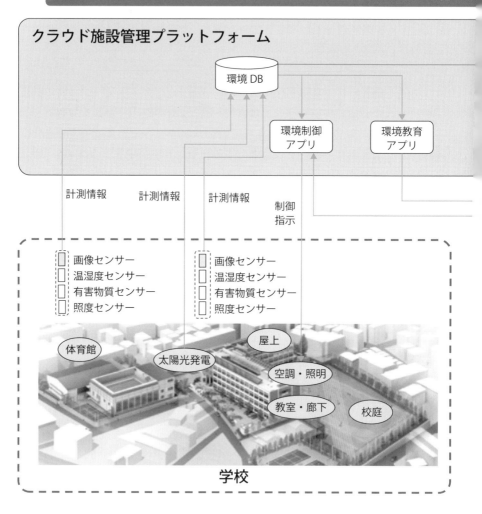

出所：著者作成、2018年

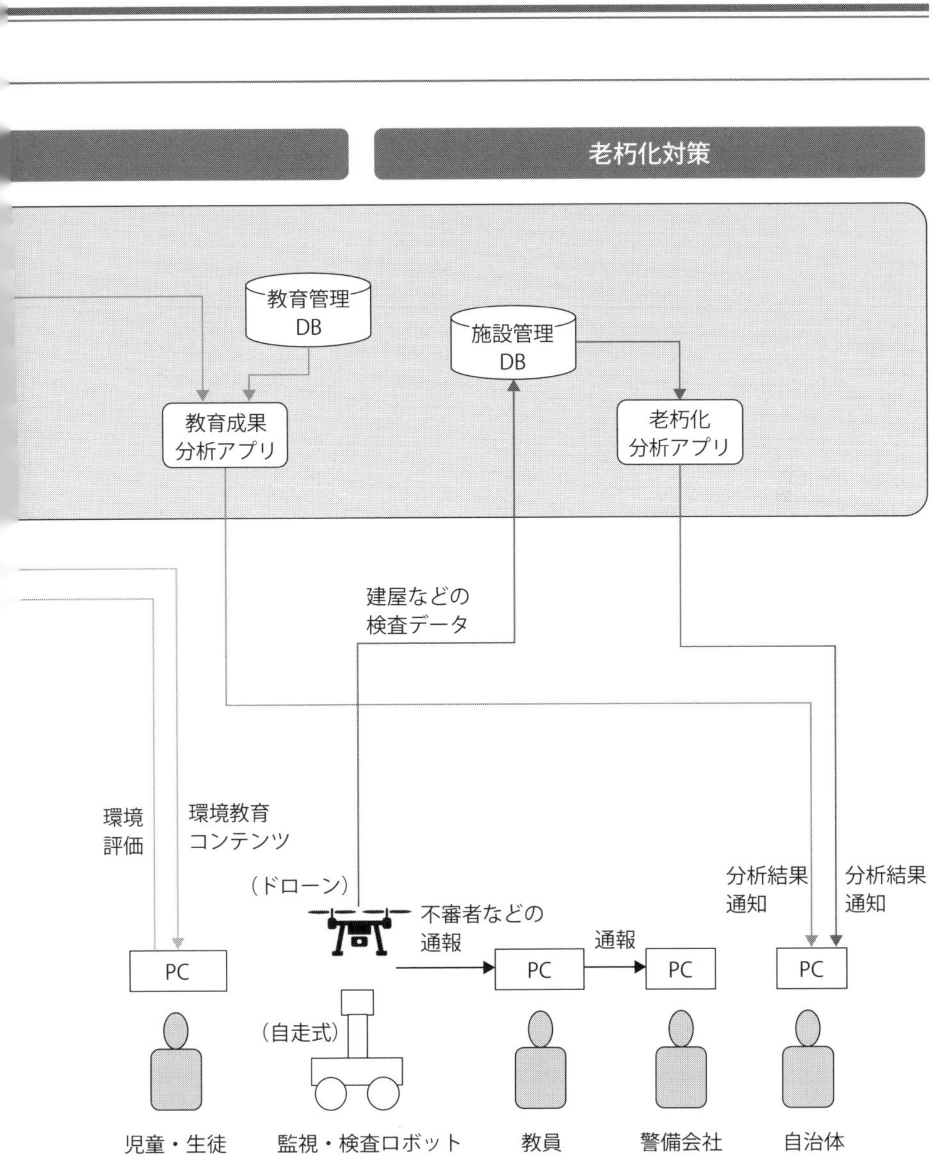

第3章 公共IoT：Society5.0の地域モデル

老朽化対策

教育管理DB

施設管理DB

教育成果分析アプリ

老朽化分析アプリ

建屋などの検査データ

環境評価

環境教育コンテンツ

（ドローン）

不審者などの通報

通報

分析結果通知

分析結果通知

PC　　　　　　　　　　　　　　PC　　PC　　PC

（自走式）

児童・生徒　　監視・検査ロボット　　教員　　警備会社　　自治体

119

9 農業IoT（獣害対策）

【概況】

シカ、イノシシ、サルなどの野生鳥獣による農作物被害は、届け出のあったものだけで、全国で約172億円に上る（2016〈平成28〉年度、農林水産省統計）。被害額は、2010（平成22）年度の239億円をピークに減少傾向にあるが（図3-20）、シカ、イノシシ、サルなどの大型哺乳類による農業被害は年々酷くなっている、というのが現場の実感だ。届け出られていない被害も含めれば1,000億円以上と言われるが、統計がないため実態は把握できていない。農家は、電気柵を張り巡らせたり、ハウスのように四方上空に覆いをかけたりするなどの対策を取っているが、被害はなくならない。一方で費用は確実に嵩み、農家の経営が圧迫されている。鳥獣害の酷さを理由に農業の

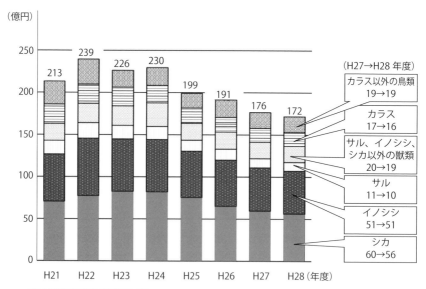

図3-20　野生鳥獣による農作物被害金額の推移

継続を断念する農家も出るほどで、全国的に深刻な問題となっている。

　鳥獣害が増加している一番の理由は、野生鳥獣の数が激増していることだ。環境省の推計によると、2011年のシカの生息頭数は325万頭、イノシシは88万頭である。20年前に比べ、シカは約7倍、イノシシは約3倍になっている。

　耕作放棄地や放棄里山の増加で、生活圏に近いところに獣の住み処・隠れ処ができたことも、鳥獣害が増えた理由と言われる。野生鳥獣は、われわれが思う以上に近いところに住んでいる。以前のようにイヌの放し飼いもなくなったから、獣たちが人間の生活圏で好きに振る舞うことができるようになっている。

　農作物被害だけではない。獣が里に下りてくるようになったため、交通事故や人身事故の増加も問題になっている。シカやイノシシに衝突すると、クルマも人もダメージを受ける。シカとぶつかったはずみで電柱に激突し、運転手が亡くなる事故も起きている。

　増え続ける野生鳥獣の問題に対処するため、国はシカとイノシシの頭数を2023年までに、2011年の半分の規模に減らす目標を立てている（シカは約160万頭、イノシシは約50万頭）。この結果、2000年度にはシカ9万頭、イノシシ10万頭だった捕獲頭数は、2016年度にはともに40万頭以上と着実に増えている。10年強で4倍以上に増えたことになるが、これだけ捕獲しても目立った被害低減効果は出ていない。

　駆除や狩猟により野生鳥獣を捕獲できるのは、狩猟免許を持った人だけだが、狩猟免許所持者は減っている。1975年には52万人だった狩猟者数は、2015年には19万人まで減少した。加えて、大半が60歳以上で高齢化も著しい（図3-21）。今は40万頭以上捕獲できているが、早晩、この規模の捕獲ができなくなる可能性が高い。

　捕獲後の処分方法も問題になっている。野生鳥獣を食肉利用する「ジビエ」に注目が集まっているが、捕獲頭数に対し食肉流通しているものは、シカで9％、イノシシで5％程度に過ぎない。野外で捕獲後、短時間で効率的・衛生的に解体・食肉処理し、一定の品質で流通させる加工・流通体制が整備されていないからだ。ジビエは「臭い、硬い、高い」という固定概念が広

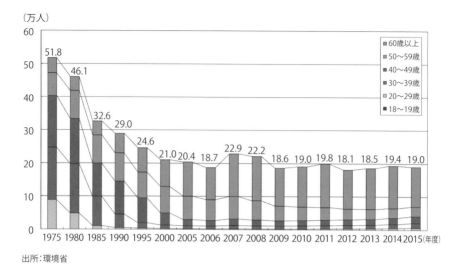

出所：環境省

図3-21　全国における狩猟免許所持者数（年齢別）の推移

まってしまっていることも、利用が広がらない理由とされる。食材利用されないものは、埋設されるか焼却処分されるが、中途半端に埋設されるとクマをおびき寄せる、などの問題も起きている。

　このような野生鳥獣の問題を解決するのに必要なのは、以下の3つの機能である。
　第1に、熟練ハンターでなくともシカやイノシシを捕獲できる機能である。鉄砲は誰にでも扱えるものでないから箱ワナを使う。ただし、天然記念物として捕獲が禁止されているカモシカを間違って捕獲しないように、シカやイノシシなど、狙った獲物だけをワナに追い込む仕組みをつくる。
　第2に、衛生的・効率的に食肉を加工・流通させる機能である。捕獲、処分、処理、食肉を分業し、それぞれが連携をしながら、衛生的・効率的に食肉を加工・流通させる。
　第3に、ジビエに対する需要を創出する機能である。ジビエを使ったレシピを開発し、域内のレストランなどに普及させる。鳥獣を供給する側に需要側であるレストランなどのニーズを伝えて、安定供給できる仕組みをつくる。

これらを踏まえたIoTのシステムは以下になる。

【システム内容】
(捕獲機能)
- 捕獲事業者（適切な公的関与により設置される事業者）は、イノシシ、シカなどの害獣の通り道になっている複数の地点に（害獣の嫌がる）超音波発生器を設置する。同時に害獣の複数の回避ルートに捕獲器（箱ワナ）を設置する。
- この際、複数の超音波発生器を操作することで、特定のルート（回避ルート）に追い込みをかけるようにし、回避ルート上に設置した捕獲器で害獣を捕獲する。捕獲事業者は、回避ルートごとに追い込みと捕獲のプログラムを設定する。
- 捕獲事業者は、害獣の通り道や被害を受ける可能性のある農業施設にカメラを設置する。カメラの画像データを分析して害獣の種類や発生場所などを把握した上で、害獣の捕獲プログラムを設定する。

(食肉加工・流通機能)
- 自治体は、捕獲事業者と処理事業者のマッチングを行う捕獲センターを設置する（ウェブ上のバーチャルな組織でもよい）。捕獲センターには、最新の捕獲状況の情報が集約される。
- 自治体は、域内の鳥獣肉を衛生的に解体・精肉処理ができ、検査・保管ができる食肉センターを設置する。
- 捕獲事業者は、捕獲器にカメラを設置し、害獣の捕獲状況を遠隔で把握する。捕獲器の状況は捕獲センターと共有され、捕獲センターは、捕獲器にかかった害獣の種類を確認後、利用ニーズの有無を処理事業者に確認する。
- 処理事業者に利用ニーズがあれば、捕獲事業者、処分事業者と連携して害獣を捕殺後、解体し、精肉処理する。骨・筋・皮革など食肉にならない部分は処分事業者が引き取り、堆肥化・ペットフード化するほかは処分（埋設・焼却）する。処理事業者に利用ニーズがない場合は、捕獲事業者と処分事業者により捕殺後、処分（埋設・焼却）する。
- 処理事業者は、害獣の衛生状況確認のための検体を採取し、食肉セン

ターに送る。
- 捕獲センターは、害獣の出現状況、捕獲、処理、処分、衛生状況を把握し、自治体に報告する。自治体は当該情報に基づき、害獣の駆除、捕獲、処理、処分などのための計画を策定する。
- 食肉センターは、精肉処理された肉を一定期間保管し、寄生虫がいないなどの安全性を確認した上で食肉の在庫とし、在庫状況をウェブで公開する。

(需要創出機能)
- 地域のレストラン、宿泊施設、商店などは、互いに連携して外部のアドバイザーなどの助言を得ながら、害獣の食肉を使った商品（料理のレシピなど）を開発する。
- 地域のレストラン、宿泊施設、商店などは、食肉の需要を食肉センターに連絡する。

【効　果】

(捕獲機能)
- 農作物を荒らしていた害獣に焦点を合わせて捕獲することができる。カモシカなどの捕獲が禁止されている動物を誤って捕獲することなく農作物被害が減る。
- 超音波やワナを嫌って、野生鳥獣が里に下りてこなくなり、野生鳥獣の頭数が適正バランスまで減少するため、農作物被害だけでなく、交通事故や人身事故のようなトラブルが減る。
- ワナを見回る手間がなくなり、効率的な捕獲ができるようになる。
- 捕獲が容易になるため、農家が狩猟免許を取得できるようになる。その結果、狩猟免許取得者が若返り、人数も増える。
- シカ、イノシシ、サルについては自治体から有害駆除の手当が出るため、捕獲が農家の副収入になる。
- より効率的に捕獲できる箱ワナや、ワナにかかった獣をより手軽に捕殺するための器具、より効果的な追い込みプログラムを開発する企業が地場から出てくる。

(食肉加工・流通機能)
- 捕獲された肉の食肉利用が進み、廃棄物として処理・処分する負担が減る。山林への遺棄のような不適切な処理もなくなる。
- 利用のニーズを確認してから捕殺、処理するため、ニーズに合わせた効率的・効果的な処理ができるようになる。
- 捕獲・捕殺・解体・精肉の過程をすべてトレースできる上、寄生虫の有無など含めて衛生検査もするため、安心して食肉に利用できるようになる。
- 捕獲センターと食肉センターが存在することで、地域外の事業者とのマッチングが可能となる。この結果、地域内に需要がないときにも、安定して利用されるようになる。

(需要創出機能)
- 地域で開発した地域のジビエ料理が、地域のレストランなどで手軽な値段で楽しめるようになる。
- ジビエに対する理解が広がり、地域でジビエを食べる文化が根づくほか、観光などで訪れた人が楽しめる「ご当地グルメ」となる。それを目当てにその地を訪れる人も出てくる。

―小 括―

　山深い日本では、野生鳥獣の食肉利用は早くから進んでいた。中世仏教の影響で明治になるまで肉食は禁忌とされてきたとの印象が強いが、山麓山間部の村々では、貴重なタンパク源として獣肉を食してきた歴史がある。しかし、高度経済成長期以後、農林業が衰退し、中山間地域から人が出て行って過疎化が進むと、獣肉食の文化は衰退した。狩猟者の減少と高齢化により、狩猟文化も風前の灯火になりつつある。

　人が山から離れ、獣肉利用をしなくなったことが、野生鳥獣の増加を促している。かつては保たれていた人と野生とのバランスが崩れ始めている。そのバランスの崩れが、農林業被害や人身事故という形で人里に降りかかるようになっている。

　今のうちに、人間と野生とのバランスを取り戻すことが必要だ。そうでなければ、日本列島に豊かに存する自然は、人間が手なずけられないものに

なってしまう。そうした自然は人間にとって恵みをもたらさないどころか、災厄になる恐れがある。自然の恵みをいただくことがベースにある農林業も野生に凌駕されれば、業として成り立たなくなる。福島第1原発の20km圏内は、人が避難している間に野生動物が増殖し、手がつけられなくなってしまった。農業を再開しようと農家がいくら努力しても、獣たちが皆、食い尽くしてしまう。イノシシが這い回った田んぼのコメは売り物にならなくなり、イノシシのヌタ場と化している。一度、人間と野生とのバランスが崩れたら、それを取り戻すのは至難であることを福島の被災地は教えてくれる。

　人間と野生のバランスを回復するための最良の手段が、野生鳥獣の獣肉利用である。上記のIoTシステムにより、狩猟や獣肉利用が一部の特殊な趣味嗜好を持った人のためのものでなく、普通の人が普通に楽しむことができるものになる。獣肉に対するニーズは捕獲量の増大をもたらし、里山まで進出してきた野生動物たちを奥山に押し戻す。結果、人間と野生はバランスを取り戻すことができる。

　獣肉利用が進めば、里山地域への経済的な波及効果も期待できる。野生鳥獣の捕獲や処理、獣肉の流通・提供が、里山地域の現金獲得手段となるからだ。農林業に携わる人には貴重な現金収入・副収入源になるし、それを専業にする人も出てくるだろう。ジビエ料理を売りにした農家民宿や農家レストランが繁盛し、そういう仕事に惹かれた若者たちがIターン、Uターンしてくれば、地域の人材の底上げにもつながる。人間と野生とのバランスを取り戻した里山地域は、都市では味わえない野趣溢れる生活を満喫できる場所になるから、定期的に訪れる都市居住者も増える。都市と里山地域の交流が増えれば、里山地域に、ヒト・モノ・カネ・情報の交換が生まれる。それが地域の活力となって、さらに人を惹きつけ、呼び込む好循環が生まれるだろう。

　このように、野生鳥獣を自然の恵みに替えるIoTは、里山地域を仲立ちとした日本の新たな豊かさづくりに貢献する（**図3-22**）。

column

スマート化への障壁が低い農業

　農業では「スマート農業」への注目が高まっている。農業にはAIやIoTを歓迎する理由がいくつもある。まずは、人手不足だ。日本では農業人口が減り続け、高齢化も深刻になっている。農作業の辛さもある。暑くても寒くても、雨でも風でも、朝早くから作業が始まる。肉体的な負荷も大きい。

　天候の影響を受けるため、事業としてのリスクも高い。天候によって農産物の品質も収穫量も変わる上、取引単価も変動するからだ。台風でも来れば、想定外の被害も出る。流通構造の問題もある。製造などに比べて生産現場から市場の様子が見えにくい。

　こうした問題を解決ないしは緩和するために、農家の目となり、手足となり、時に助言者となるロボットの開発が盛んだ。背景には、上述した課題があることに加え、ロボットの性能が向上し、価格が大幅に下がったことがある。近年、ロボットを構成するセンサーや制御部品の性能向上と価格低下が顕著だ。これまでコストや使用環境が理由で導入が進まなかった分野でも、ロボットが活躍するようになる日は近い。そうなると、農業でも製造業のように、人間の仕事は計画や管理などに集約されていくことになる。

　農業には、AIやIoTを導入するに当たっての強みがある。たとえば、交通や医療に比べて規制などの制約が少ないことだ。ロボットは、制約が少なく、工夫の余地が多く、資金負担力の高い工場での導入が進んだ。コストが下がったことで、農業にも工場と同じようなロボット導入のブームが訪れる可能性が出てきた。低コスト、多目的の汎用ロボットの市場は、農業がリードするかもしれない。

図3-22 農業(害獣対策)IoTプラットフォームシステム

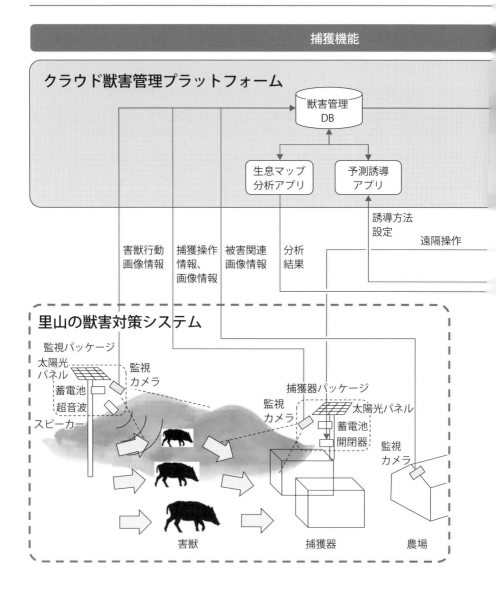

出所:著者作成、2018年

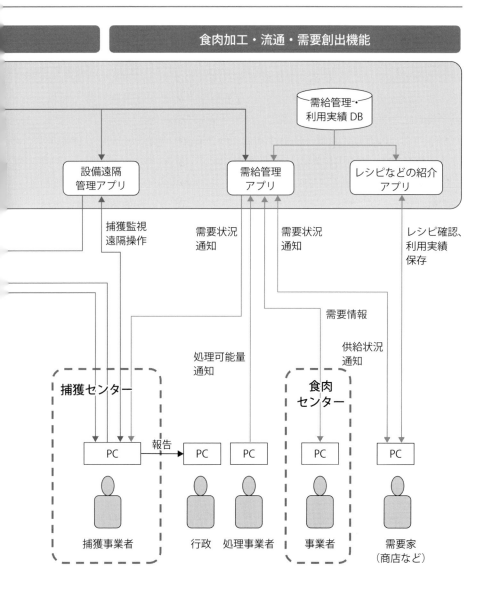

10 観光サービスIoT（魚食観光）

【概 況】

　海に囲まれた日本列島を旅する楽しみの1つが、その土地土地で獲れる新鮮な魚介を食することだ。大消費地である東京にはあらゆるものが集まるが、鮮度ばかりは地元にかなわない。白子やホヤのように鮮度が命のものは、獲れた土地で食するのが一番だ。その土地に伝わる独自の食べ方や旨味の引き出し方などは、地域を訪れて初めて知ることも多い。そういう体験が旅の思い出をまた格別にする。

　見たこともない魚介に出会うこともある。北陸地方のノドグロや福島県常磐沖のメヒカリは最近でこそ有名だが、かつて全国的には無名の存在だった。市場には出回らないが、地元では以前から食べられてきた魚介は他にもある。サイズが小さかったり、量が少なかったりなどの理由で、市場に出されない「未利用魚」もある。未利用魚は、自家用に回されるか廃棄されるかだったが、最近は利活用を試みる漁業者などもいる。

　新鮮な魚介は間違いなくその土地の魅力づけに役立つが、そのまま観光の価値となるわけではない。未利用魚などの地域の資源を価値に変えるには、工夫が必要だ。特に、外国人観光者（インバウンド）をどれだけ取り込めるかが鍵となるこれからの観光を考えると、外国人にも受け入れられるメニューや食べ方、売り方などの工夫が必要になる。

　寿司が日本食を代表する料理であるように、日本人の暮らしや文化と魚介は切っても切れない関係にある。しかし、それを支える漁業は衰退の一途、漁業者は減る一方だ。日本の漁業・養殖業の生産量のピークは1984年だが、平成になると、200海里経済水域の設定や乱獲に対する国際的な規制の影響で、遠洋漁業の生産量が激減、生産量は減少を続けている。沿岸漁業・沖合漁業も、遠洋漁業ほどではないが減り続けている（図3-23）。

　漁業就業者数も激減している。1963年に62.6万人だった漁業就業者数は、2017年には15.3万人と、半世紀で4分の1以下になった。40歳未満に限っては、10分の1以下という減りようである。

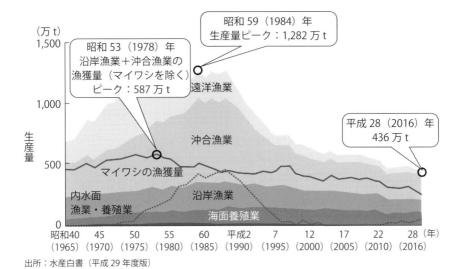

図3-23　わが国の漁業・養殖業の生産量の推移

　魚離れも進んでいる。魚介類の1人当たり消費量は2001年をピークに急減しており、2011年にはついに肉の消費量が魚介の消費量を上回った（**図3-24**）。世代別に見ると、特に30代、40代の魚離れ・肉食化が顕著である。2015年の年間魚介消費量25.8kg/人は、ピークである2001年の40.2kg/人の4割程度に過ぎない。日本は、1人当たり魚介消費量で見れば、いまだ世界有数の魚介消費国だが（モルジブ、アイスランド、キリバス、ポルトガル、セイシェルに次ぐ第6位）、魚介とともにあった日本人の暮らしと文化は急速に失われようとしている。

　健康志向の高まりから世界的に魚食がブームになっている今、その土地土地で新鮮で多様な魚介と出会える日本列島は、外国人を惹きつける要素に満ちている。しかし、当の日本では魚食文化も、それを支える漁業も衰退の一途という皮肉な事態が進行しているのである。

　魚食と漁業と観光は、魚を介して互いに深く結びついている。魚をテコにすれば、この関係を盛り立てていくことが可能である。そのための方策は以下の2つに整理できる。

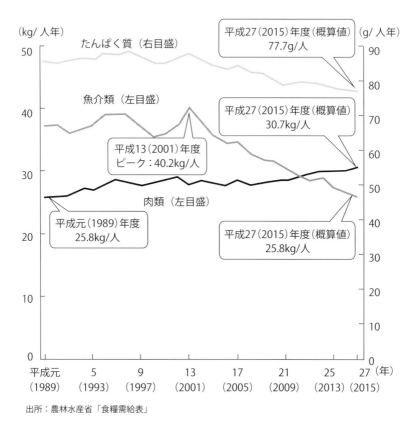

図3-24　食用魚介類の1人当たり年間消費量の推移

　第1に、未利用魚の需給マッチングを行う機能を有する地魚センターを整備する。地魚センターは未利用魚を持ち込む漁業者と、未利用魚を利用する会員（観光協会が組織する地域の飲食店、宿泊施設、商店など）の間の需給マッチングを行う。

　第2に、未利用魚の需要創出である。未利用魚を使ったメニューを開発し、地域の会員を通じて、域内外の人々が未利用魚を使った魅力的な食事を楽しめる仕組みをつくる。また、域外から観光客を呼び込むためのアピールを行う。

これらを反映したシステムは以下のとおりである。

【システム内容】
(未利用魚の需給マッチング機能)
- 自治体は、地域の水産資源を有効活用するための地魚センターを設立する。
- 市場は、魚種、数量、大きさ、傷などを理由に市場に出せない魚（未利用魚）の保管を地魚センターに委託する。
- 地魚センターは、保管設備にカメラを設置し、画像解析により、魚の種類、大きさ、数量をデータ化する。
- 観光協会は、地域の飲食店、宿泊施設、商店を会員化する。当該会員は地魚センターに集まる未利用魚のデータを確認し、地魚センターに利用したい魚の種類と数量を連絡する。地魚センターは会員間の需給を調整した上で各会員に地魚を低価格で供給する。
- 市場は、未利用魚を持ち込んだ漁業者に対し、売上から手数料を差し引いた額を支払う。

(未利用魚の需要創出機能)
- 観光協会は、未利用魚の魅力を引き出すメニューを開発できる調理アドバイザーをネットワークする。その上で、調理アドバイザーの助言を受け、地魚を使ったメニューとレシピ、およびブランドを開発する。
- 観光協会は、ブランドアピールのための店舗の内外装や食器のデザインを計画する。
- 観光協会の会員は、当該のメニューとレシピを修得し、会員間で定められた条件（調理設備、調味料、店舗や食器のデザインなど）に基づいて観光客などへ商品を提供する。
- 観光協会は、当該メニューおよびブランドを域内外にプロモーションする。
- 自治体は、会員が店舗や食器のデザインを採用するための費用を補助する。

【効　果】
（未利用魚の需給調整機能）
- 選別の手間が減り、従来の市場では拾えなかったニーズとのマッチングができるようになるため、これまでは捨てていた未利用魚が流通し、商品になる。
- その結果、漁業者の手取りが増える。市場も、はじかれた魚を廃棄に回す手間や費用が必要なくなるので利益が増える。
- 漁協および自治体は、地魚のデータが蓄積されるため、正確な漁獲量の把握と魚種ごとの資源量の推定ができるようになる。これらのデータを分析することにより、資源の適正管理のための漁業者への指導が可能になる。

（未利用魚の需要創出機能）
- 観光協会の会員は、新鮮な地魚を使ったメニューを手軽な価格で提供できるようになる。調理アドバイザーの開発した統一メニューにヒントを得て、地魚を使った独自のメニューの開発も可能になる。結果、地魚の需要量が増える。
- 観光客は、手頃な価格で美味しい地魚料理を食べられるようになる。「ブランド表示のある店に行けば、安定した美味しさの地魚料理が食べられる」という安心感の下で、店ごとの個性も楽しめるようになる。
- 新鮮な地魚を楽しめる地域としての特色づけが進む。
- 統一感のあるブランドの下で特色ある店構えの店が増え、街並み整備を含めた地域づくりが進む。

—小　括—

　魚離れの理由の1つに、調理に伴う手間（下ごしらえ、匂いや汚れや生ゴミの処理）が嫌われていることがある。マンション暮らしの場合、特に魚料理は嫌われる。東京都では、マンション率が年々増え、現在、3割近くがマンションに住むようになっている。マンション人気の傾向からも今後、魚を調理する人が大幅に増えることはなさそうだ。ならば、無理に家庭で魚を調理して食べてもらおうとするよりも、わざわざ出かけても魚を食べに行きたいと思える場所を増やすことの方が、魚の需要を増やすことにつながる。魚

食観光の普及定着が漁業振興の基本戦略だ。

　調理はしたくないという主婦も、旅先ではむしろ地魚を積極的に食べようとする。外国人観光客にも、「キンカイモノ」が好まれるようになっている。どこに行ってもマグロの刺身が出るような形ばかりのおもてなしは、日本人・外国人を問わず、差別性を失っている。その地域ならではの地魚が、独自の料理法、特色のある店構え、手頃な価格で食せる環境があることが、国内外の人々を惹き寄せる。

　形や量がまとまらない地魚は、これまで魚介類の流通ルートから外されてきた。都市部のスーパーでは売れ筋の魚ばかりが扱われるから、どうしても価格は高くなりがちで、それが魚は肉に比べて割高だ、という誤った先入観を植えつけることにもつながった。これだけ魚介に恵まれた国なのに、その本当の魅力が都市に住む大半の人には知られないままになっているのだ。

　IoTにはこうした状況を変える力がある。IoTの導入で、不揃いの未利用魚たちに買い手がつくようになり、今まで表舞台に上がることのなかった地魚が、地域の魅力を高める資源に生まれ替わる。

　海に囲まれた日本列島は、大都市でも地方都市でも、都心から1時間もクルマを走らせれば、魚が水揚げされる港町がある。その港町とトップレベルの調理アドバイザーをネットワークし、未利用魚を中心に、地魚を生かしたメニューを開発すれば、都心に暮らすグルメな人々をも唸らせる地魚料理が実現する。

　そうなれば、そのメニューを食するために港町を訪れる人が増える。地魚を食べるために、住まいから1時間ちょっとの距離の港町まで定期的に足を伸ばす魚食観光が、都心の人々の新しいライフスタイルとして定着するかもしれない。舌の肥えた海外からの旅行客も、新鮮で美味しい地魚料理が、情緒のある雰囲気の中で、リーズナブルに食することができる環境があるなら、他にめぼしい観光資源がなくても必ずやってくる。

　そこでしか食べられない、美味しくリーズナブルな地魚料理にはそれだけの力がある。世界的な健康ブームで魚食に注目が集まる中、日本の港町とそこで獲れる地魚には、世界中の人々を魅了するポテシャルがある。IoTは、そうした地域のポテンシャルを開花させる（**図3-25**）。

図3-25 観光サービス（観光漁業）IoTプラットフォームシステム

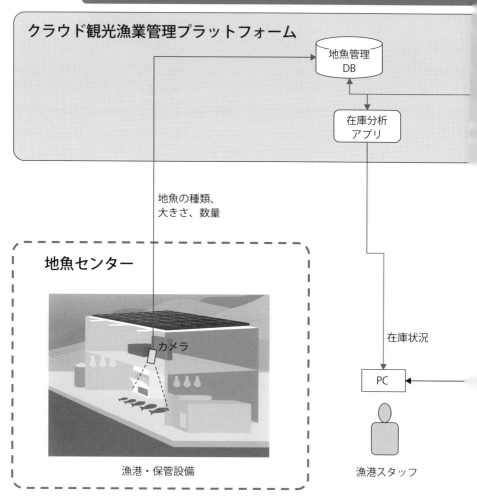

出所：著者作成、2018年

第 3 章　公共 IoT：Society5.0 の地域モデル

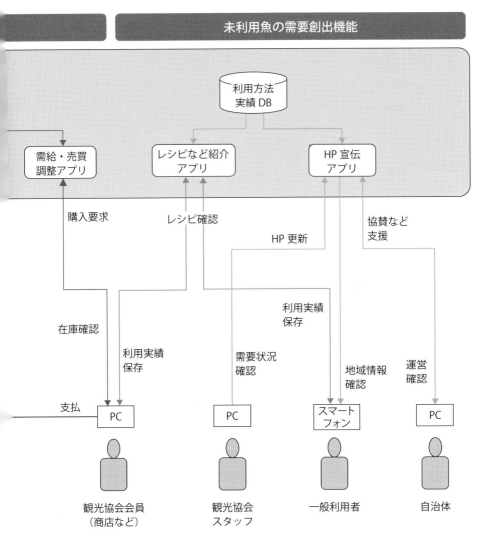

2

公共IoTの効果とコスト

　本章で検討したIoTシステムを整備するには、どれほどコストがかかり、どの程度の成果が上がるか、効果の大きな分野を中心に考えてみよう。

注目される4つの分野

【教育分野】

　第3章で提案した教育分野のIoTシステムの最も大きな経済的効果は、先生の過剰労働を解消するために本来、学校が雇うべき新たな人材の雇用に関するコストを回避する効果だ。教育関連のコンテンツづくり、採点、添削、事務的な業務や課外活動が30%程度効率化されるとすると、先生の業務全体の20数%程度の効率化が期待できる。先生の過剰労働の現状を考えると、本来学校側は先生の数を増やさなくてはならないので、業務の効率化はそのまま、新たな人材の確保に要するコストの回避と解釈できる。

　義務教育にかかっているコストは約10兆円で、うち約4.5兆円が先生方の人件費なので、4.5兆円×20数%≒1.2兆円の経済効果を見込むことができる。ほかにも前述したような生徒への教育効果、あるいは施設管理面でのコスト削減効果が見込め、教育分野はAI/IoTの重要な投資対象と言える。

　まず、生徒と先生全員にコンテンツサービス付きのタブレットを月4,000円程度の利用料で配布する。加えて、校内に多数のセンサーを設置するためのコストとサーバーの費用で年600万円程度がかかる。生徒320人、先生20人の平均的な学校の年間コストは約2,200万円となる。これを約3万の小中学校に整備するとすれば、年間のコストは7,000億円程度となる。他分野についても言えることだが、これはシステムとサービスを提供する民間事業者にとって、同じ額の市場が生まれることを示している。

　経済的にペイする上、教育効果が見込めることを考えると、教育分野は魅力的な投資対象と言える。効果が見えにくかったり、回収が後送りになる傾

向があるが、教育投資こそ次世代の国づくりの要諦であることを考えれば、ぜひとも IoT 投資を実現したいところだ。

【医療分野】

　医療費は地域間で大きな差がある。まず、全国の都道府県が1人当たりの医療費が最も低い茨城県並みに低くすることを AI/IoT の導入の目標と考えよう。1人当たり医療費の全国平均は34.3万円で、茨城県の30.7万円レベルに下がれば、日本の全人口1.3億人で約4.7兆円の医療費が削減できる。

　医療でもう1つ問題なのは、教育分野と同じように医師、特に勤務医の過剰労働だ。前述した IoT システムの導入で勤務医の業務が20数％効率化されると、医療関連の人件費は約20兆円だから、5兆円程度の人件費が削減される。勤務医の過剰労働の現状を考えると、本来病院側は勤務医の数を増やさなくてはならず、業務の効率化はそのまま、新たな人材の確保に要するコストの回避と解釈できる。

　上記を足し合わせると、医療分野では約9.5兆円の経済効果を期待することができる。健康増進が図られ、健康寿命が伸び、セカンドオピニオンなど医療に対する信頼性も向上するという定性的な効果も踏まえると、医療は AI/IoT 導入の最も大きな効果が期待できる分野と言える。

　医療分野での AI/IoT の投資としては、通院頻度の高い患者に対して医師との対話・通話用の端末と血圧や心拍数を測定するためのセンサーを配布した上で、健康・身体状況管理のための WEB 上でのサービスを受けることを想定する。健康意識のある人についてもセンサーを配布し、健康管理のための WEB サービスを受けることを想定する。これらを前提とすると、患者1人当たり年約22万円、健康な人は1人当たり約9万円の費用がかかることになる。通院頻度の高い患者の数を1,000万人、健康意識のある人の数を6,000万人とすると、年間費用は約2.1兆円に上る。多額の費用だが、それをはるかに上回る効果が期待できるのが、医療分野の AI/IoT と言える。

【介護分野】

　介護については民間事業者がさまざまな施設運営、サービス提供を行っているため、ここではケアマネジャーの業務について検討しよう。

現在、60万人の方がケアマネジャーとして登録されている。その人件費を2.4兆円と想定し、前述したIoTシステムにより、ケアプランの作成、専門的な意見の照合、事務業務などを中心に成果が期待でき、全体として25%程度の効率化が図れるとすると、経済効果は約6,000億円となる。現状の体制を前提とすると、ケアマネジャーの業務の質的な向上のためには増員が必要と考えるため、業務の効率化はそのまま、新たな人材の確保に要するコストの回避と解釈できる。

　こうした成果を生み出すために、高齢者側では見守りと対話のための端末、高齢者の状況を画像・動作データとして把握するためのセンサー、データ分析のためのWEBサービスなどの費用を1人当たり年16万円程度を見込む。ケアマネジャー側では高齢者との対話やケアプラン作成のためのコンテンツ取得用端末、高齢者に血圧や筋力などを測定するためのセンサー、ケアマネジャー向けのWEBサービスなどの費用として、1人当たり年間20万円程度の費用を見込む。これを高齢者100万人（上記の医療サービス対象者を除く）、ケアマネジャー60万人に提供すると年間3,000億円程度のコストが必要となる。経済面での効果でプラスな上、こうしたサービスにより高齢者の安心感が高まり、家族の負担も減るから波及効果は大きい。また、業務の負担が減ることで、ケアマネジャーになろうとする人も増えるはずだ。

【上下水道分野】

　上下水道部分野における人件費は、施設管理のためのコスト5兆円のうちの数%に過ぎないが、前述したIoTシステムを導入すれば、多くの施設を無人に近い状態で運転できるようになるので、80%程度の削減が見込めるとする。設備面では、システムのそもそもの狙いが設備を徹底的に使い切ることによる更新費の削減なので、更新の費用については20%程度のコスト削減を見込む。これらを合わせると年間8,000億円程度の経済効果が期待できる。管路については、50年程度とされている更新のピッチが130年程度になっているが、それでも年2.8兆円もの費用がかかっている。これをIoTシステムによって100年間安心して使い切ることができるとすると、回避コストを含めた効果は約3.6兆円となる。

　一方で、コストとしては、管路の管理のためのロボットやセンサー、遠隔

監視、現状の管理システムに制御機能を付加するためのコスト、画像、振動、電力、水位などのセンサー類、データ分析のためのサービスなどの費用が、現状の電気設備の更新費の2割程度かかるとすると3,000億円程度になる。上下水道についても、経済面での効果だけ見ても十二分に採算が取れる。その上で、この分野のAI/IoT導入の最大の効果は、上下水道という基本中の基本のインフラの持続可能性が高まることだ。まず、AI/IoTによってインフラの利用可能限界を見極めることで、財政的な制約と安全の維持という、相反する条件を両立できる可能性が高まる。また、近い将来多くの自治体がインフラを維持する技術系人材の確保が難しくなる中で、人材を投入する業務を絞り込むことで技術的な管理体制の継続性も高まる。

ここで検討した例のほかにも、たとえば施設管理やインフラ管理については、上下水道と同じようなロジックで効果が期待できる。廃棄物処理については、ゴミの量が減ることで施設規模が小さくなり、管理の効率化以上のコスト改善効果が生まれる。防災による社会資本の毀損や人的被害を回避することの効果も大きい。気候変動の影響で風水害が年々深刻になる中で、防災に対する地域住民の信頼が増すことによる社会的なプラス効果は大きい。

効率化以上に大きな投資リターン

以上述べた効率化の効果以上に地域として期待すべきなのは、プラス面の投資回収効果だ。たとえば、農業や観光で地域資源を活かすことができれば、域内の生産が底上げされる上、地域で働こうと思う人が増えるため人口減少の緩和にも効果がある。地域の資源が活かされれば、地域への思い入れも深くなる。また、米百俵の話ではないが、教育こそ地域の将来のための最も重要な投資対象だ。有力な私立学校が少ない地方部で、公教育への信頼と教育効果が高まることは地域に活力を与える。

AI/IoTに投資することで重要なのは波及効果だ。ここでの試算を前提とすれば、本章で取り上げた分野のAI/IoTの整備には年数兆円を要すると考えられるが、それは国内に付加価値の高い同規模のAI/IoT市場ができることを意味している。AI/IoTは世界中でこれから大きく発展する分野だ。日

表3-6 IoT投資の効果とコストの概算

(千億円/年)

分野	コスト	効果
教育	7	12
医療	21	95
介護	3	6
上下水道	3	23

本企業が公共IoTの分野で先行的に実績を積めば、そこで培われた技術、ノウハウ、体制が他分野のビジネスに波及する。既存の事業に波及すれば付加価値が増すし、新たな事業領域を切り拓けば事業が拡大する。公共政策として実施すれば、そうした効果を国内生産を押し上げる。

次章でも述べるが、公共分野でAI/IoTによるサービスを普及するには、技術力だけでなく、現状の公共サービスの質と行政機能のレベルが高いことが条件となる。日本はそうした条件を備えた数少ない国の1つだから、率先して投資を行えば、他国に先がけて成果を手にすることができる。

かつて日本の公共事業は華美過剰に陥り、公共財政の大きな負担となった。また、巨額の投資を行ったにもかかわらず、公共事業の関連分野から国際競争力のある企業が生まれなかった。こうした経験から、日本には公共投資に対して必ずしも積極的になれない雰囲気がある。しかし、華美過剰の対象となった土木建設分野の投資とAI/IoT投資は、2つの点で大きな違いがある。1つは、少なくともここで述べたように、民間のサービスをできるだけ活用するようにすれば、公共投資によってできた資産が将来の財政負担になる可能性は低くなることだ。もう1つは、AI/IoTが将来に向けた大きな成長分野であることだ。成長分野での実績は、それが公共財政によるものであっても、成熟分野に比べて高いリターンが得られる。

本章における費用対効果の算定は極めて概略的な想定に基づくものだが、公共分野のAI/IoT投資が相当に効果的なものであることは確かと思える（**表3-6**）。こうした理解に立って、次章では公共分野のAI/IoT投資を事業としてどのように立ち上げるかを考えよう。

第 **4** 章

公共IoTの
実現プロセス

1

公共IoTの事業モデル

欠かせない官民協働

　前章に示したように、公共分野でIoTのシステムを整備するためには、民間企業との役割分担が欠かせない。その理由は、まず、自治体にはIoTシステムを企画したり、設計したりする能力がない。システムを構築した後も、システムを適切に保守管理して、日進月歩のIoTの技術をフォローしながら性能面、コスト面で適切な状態に保つことはできない。

　ただでさえ、自治体は技術系の人材が不足しているのに、民間の有力企業が獲得に苦慮しているAI/IoT関連の人材を確保していくことはほぼ不可能と言ってもいい。自治体がIoTシステムを整備するに当たっての第1の前提条件は、技術面では民間事業者の能力に全面的に依存する、ということだ。

　財務面での問題もある。インフラやサービス基盤を整える場合の自治体の財政管理能力は初期投資に偏重している。維持管理コストの比率が大きく、利用している間に技術が頻繁に更新されるような資産を適切に運用する能力については大きく不足している。土木・建築物が社会インフラの中心だった時代には自治体の財政管理機能が上手く機能したが、機械モノ、IT、サービスの比率が増えてくると、運用や維持管理のコストの比率が増え、技術やサービスの内容も日進月歩の度合いが増してくるので、自治体が管理することが難しくなった。IoTシステムは財務面で見ると、これまでのどのようなインフラ、システムより、自治体が自身で保守、維持管理するのが難しい資産であると言っていい。

　一方、民間企業の側も、IoTシステムを整備するための十分な素養を備えているわけではない、という認識が重要だ。まず、民間企業が各地域の住民のニーズや自治体の課題を、個々のシステムを構築するたびに正確に把握できるわけではない。各地域で長年住民に向き合っている自治体職員より住民に上手く相対せる、と考えるのは民間企業の驕りだ。もちろん、自治体にも

地域住民への姿勢で見直すべき面があるが、地域の人同士が腹を割って向き合っているからこそ見えるニーズがある。

リスク負担の問題もある。民間は自治体に比べて事業に関するリスクマネジメントには長けているが、民間事業者が負うことのできるリスクの上限は自治体のそれより低いと考えるのが一般的だ。予測のできない投資へのリスクを取ることも難しい。

また、民間事業者の立場では、独自の価値観に基づいて将来の公共サービスのあり方のビジョンを掲げることもできない。民間事業者にできるのは、公共側が提示するニーズに従って、技術やアプリケーション、あるいはファイナンスサービスを紹介したり、技術力を活かしてシステムを整備、運用、維持管理したりすることである。

こうした官民双方が自身のできること、やるべきことに正確な認識を持つことから、IoTシステムに関する官民の役割分担の議論は始まる。

公共ITの反省

公共分野のITについてはいくつかの反省がある。

1つ目は、コストをかけてITを導入したにもかかわらず、行政内部の効率化が進まなかったことだ。その理由は、システム上の立ち上げプロセスにある。

民間企業がシステムを導入する場合、システムの導入に先立ってコンサルタントなどのアドバイスなどを入れて業務体制の見直しを行うのが普通である。その上で、より効率的な新しい業務体制に合わせてシステムを計画した上で導入していく。つまり、ITは将来のより効率的な業務体制を実現するための手段である。これに対して、自治体は現状の業務体制に合わせてシステムを導入したので、改革と言うほど業務の仕組みは変化せず、「同じ仕事を人間がやるよりパソコンがやった方が速い」程度の効率化効果しか出なかった（図4-1）。

2つ目は、行政特有のガラパゴス的なシステムが導入されたことだ。1つ目の反省点の結果という側面もあるが、自らの業務体制を変えずにITを導入したため、オーダーメードの部分が増えてガラパゴス的なシステム、機器

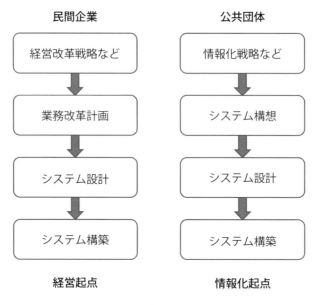

図4-1　民間と公共のシステム化の比較

が目立つようになった。民間企業は優れたシステムを見て、その効果を業務の改善・改革に取り込もう、そのための業務体制の変革も受け入れよう、と考える。最近では、システムのクラウド化が進み、こうした考え方はますます重要になっている。

　3つ目は、特定のITベンダーに拘束される、いわゆるベンダーロック状態に陥ったことだ。中には、特定の企業を頼ったにもかかわらず、システムが陳腐化した例もある。ITはシステムを構築した事業者しか保守運用ができない、と考える向きが多い。こうした傾向があることは否定できないが、ITを旧来の土木建築物と同様の方式で調達したことが原因という面もある。ITの資産としての特性を十分に踏まえて、発注や契約方式を検討すれば、こうした事態は相当程度回避できた。

　今後あらゆるサービスや施設運営に普及するIoTシステムで同じことを繰り返せば、公共サービスの効率化や付加価値化を促すどころか、自治体にとって新たな財政的負担をつくることにもなる。IoTシステムはITとハー

ドウェアから構成されているから、上述したような問題がITとハードウェアを含む広い領域で発生する可能性もある。

前章で示したようなIoTシステムを導入するに当たっては、公共分野のITを巡る反省を踏まえた取り組みが欠かせない。具体的には以下のような点が重要となる。

実現に向けたKPIを

第1に、IoTシステムの導入に先立って、公共側で公共サービスの実施体制の変革に関する合意を形成しておくことだ。今のままの体制では、経済性の面でも、サービス面でも、人材確保の面でも公共サービスは持続可能と言えない。こうした状況を解決するためには、AI/IoTなどの革新技術の導入が不可欠であるとの理解を共有する。その際、単なるコスト削減だけでなく、地域を取り巻く課題を踏まえて、公共サービスの付加価値をいかに高めるか、という視点も重要になる。そこで、対象となる公共サービスの実現にとらわれない形でアウトカムを明確にすることにこそ、民間企業には委ねることができない自治体の役割がある。

第2に、自治体は前項で定めたサービスのアウトカムに従ってシステムに求められるKPIを明確にする。ここでも、IoTに関する技術については民間に委ねる、という姿勢が重要だ。公共側はIoTシステムのユーザーという立場を徹底して、まずは、あえて技術的な言葉を使わず、サービス視点でKPIを考える。それを技術の言葉に落とし込む際にも、サービス視点に徹して民間企業と話し合えばいい。

公共サービスにかかわらず、「モノの仕様はそのモノをよく知っている人が決める」ことが効率的な調達の基本だ。民間事業者に対しては、システムのユーザーの立場からKPIを要求し、民間事業者にはKPIを満たすための仕様を自らの責任で決めてもらい、公共側が気がつかないことは提案してもらい、IoTシステムの資産をできる限り保有してもらう、という姿勢を徹底するのだ。

民間の上流工程への巻き込み

　第3に、前項の結果でもあるが、システムの構築・運用のリスクは、できる限り民間事業者に取ってもらう。自治体はIoTシステムを構築・運営するための知見を持っていないから、仕様は決めない、資産は保有しない、既存のシステムを受け入れる、ことを徹底する。そのためには、できるだけ汎用のデバイスやアプリケーションを利用する。

　自治体がベンダーロックに陥った原因の1つは、自治体側がオーダーメードのシステムを要求したことだ。公共サービスは自治体共通の法律や制度に則って提供されているから、本来自治体が使うシステムに差はないはずだ。民間企業は事業上の何らかの付加価値を生まない限り、つまり上乗せされるコストの回収の根拠なしに、割高なオーダーメードのシステムを依頼することはない。自治体にはオーダーメードに関するこうした意識が欠けていた。どこの自治体でも共通した業務やサービスについて、どこかの自治体で成果を上げたシステムがあるのなら、自分たちの業務を先行して開発されたシステムに合わせ、必要ならKPIも柔軟に変更する、という姿勢がシステムの費用対効果を上げ、リスクを下げることにつながる。

　第4に、上流工程から民間の専門的な知見を取り込むことだ。先に述べたように、民間企業がシステムを導入する際には、業務改革のコンサルティングを受けるのが普通だ。コンサルティングを受ける意味はいくつかある。一義的には業務改革の専門的な知見を受けることだが、どんな組織でも業務改革の方向はおおむね理解されているもので、コンサルタントから思いもつかない切り口が提示されることは少ない。その意味で、コンサルティングを受ける大きな意味は、他の事例などの紹介も含め、自らの業務体制に関する客観的な評価を受けることにある。この他にも、自治体にとって民間を取り込むことは以下の2つの意味がある。

　1つは、システム調達に関する頼りになる味方を得ることだ。IT市場の技術や事業者の動向を踏まえて調達条件を整理し、ITを提供する事業者との協議を支援してくれる民間事業者がいれば、ベンダーロックの多くは防ぐことができただろう。

　もう1つは、新しい公共サービスの仕組みに民間企業の知見を取り込むこ

とだ。IoTシステムのユーザーの視点でKPIを設定すると述べたが、新しい技術を知っているからこそ出てくる新しい公共サービスのイメージもある。ユーザー視点でKPIを考える段階から民間企業の先端的な知見を取り込んでおくことで、革新的なアイデアも出るし、以降の民間企業との協議にも役立つはずだ。

英国に学ぶ

民間企業と自治体の新しい協働の仕組みには、PPPの元祖、英国に参考となる事例がある。

1990年代から始まった労働党政権でPFIが見直された後、老朽化したセカンダリースクールへの投資を進めることを目標に立ち上げられたのが、BSF（Building Schools for the Future）と呼ばれる事業だ（図4-2）。BSFでは、まず、地方公共団体が協働事業のパートナーとなる民間事業者を選定してパートナーシップ契約を締結する。その上で、地方公共団体、国がつくったファンドがそれぞれ10%、民間事業者が80%を出資してLEP（Local Educational Partnership）と呼ばれる事業体を設立する。LEPは地域のエレメンタリースクールの更新のための長期計画を策定する。その上で、個々の施設の更新のための事業をPFIやDB（Design Build）によって別途立ち上げ、PFIやDBの事業者は地方公共団体と事業契約を結ぶ。

BSFにより学校施設を効率的に更新できただけでなく、スポーツ施設や視聴覚あるいは環境教育のための施設を地域として最適配置できた、などの成果が出たとされる。BSFが優れているのは、計画段階から民間事業者の知見を導入した上で、施設整備の事業を別途立ち上げるという枠組みにより、事業の効果と効率性を高められる点だ。BSFと同じ仕組みを地域医療の分野に適用したのが、施設の老朽化と医師不足が問題となっていたプライマリー施設への投資を進めるためのLIFT（Local Improvement Finance Trust）だ。

2010年に保守党政権に戻ると、BSFやLIFTのための制度は廃止されたが、「A new approach to public private partnership」というPFIの新たな政策方針（PF2と呼ばれる）の下、政府が出資するPPP事業が立ち上げら

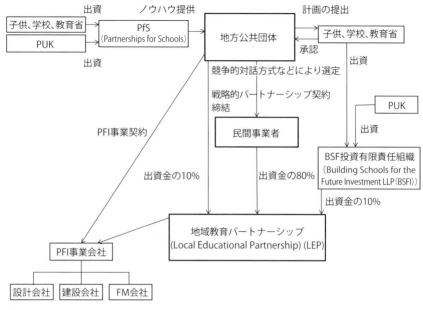

出所：4Ps: an Introduction to Building Schools for the Future 2008 Editionを一部修正

図4-2　BSFの事業構造

れた。事例として、地方政府が保有する公有地を活かして公共施設、住宅、地域の活性化に資する商業施設などを整備する官民協働事業、LABV（Local Asset Backed Vehicle）がある。

　政権が変わっても、官民が共同出資するという一種の第3セクターのような構造が選択されたのは、公共サービスの価値を高めるには、伝統的なPFIやPPPより、官民ががっちりと組める事業の枠組みが必要と考えたからだろう。

新たな3セクの背景

　その背景には、2つのポイントがあると考えられる。
　1つは、地域の公共サービス全体の立て直しや付加価値の向上を進めるためには、個々に施設を立ち上げる場合よりも、一層専門的で実務的な知見や

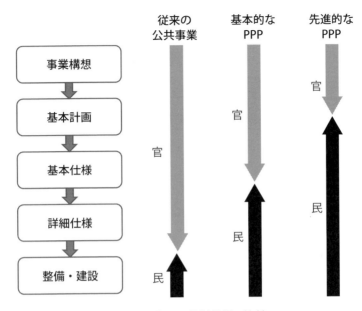

図4-3　官民の役割分担の比較

ノウハウが必要になったことだ。PFIやPPPは日本でも公共サービスの効率性と付加価値を大きく改善したが、公共側が入札条件や要求水準をつくり、民間企業がそれに応じる、という構造は従来の公共事業と変わらない。地域単位で公共サービスの課題を解決するには、より上流の企画段階から民間企業の知見を取り込みたいということだ。第3章で示したように、IoTシステムはさまざまな施設、機関と接続するため、同じような考え方が必要になる。

　もう1つは、PPPに関する経験を積み重ねたことで、民間企業が上流から事業に関わることになっても事業のガバナンスを保つことができるようになったからだ。英国は1990年前後のPFIの導入以来、経験を経ながら民間企業との関わりを深めていった。PFI導入当初は公共側が提示する要求水準に最も適した提案を採用する、という従来の公共調達の延長線上の枠組みであったし、採用の基準も価格の比率が高かった。その後、官民がより柔軟に協働するPPPに移行し、官民共同出資のBSF、LIFT、LABVに移行してきたという歴史がある。

その意味では、日本も1999年のPFI法成立以来、PPPについて多くの経験を積み重ねてきた。経験を経たことの反映か、最近のコンセッション事業では計画段階、契約交渉などで、かつては考えられなかったほどに突っ込んだ官民の協議や検討が図られている（**図4-3**）。財務分析、契約構造、官民協議、事業のガバナンスなどに関する知見を官民で知見を共有してきたことの反映と言える。

　BSFやLABVは官が出資する第3セクターの一種だが、今の日本で第3セクターを立ち上げたとしても、よもや1990年前後の民活法時代の第3セクターのような間違いや失敗に陥ることはない。上述した官民双方の経験に加え、現状の公的事業のガバナンスや収益管理の仕組みがある中で、当時の第3セクターのようなモラルの低い事業が立ち上がることは考えられないのである。

　むしろ、IoTシステムの導入では、この四半世紀の官民の努力の成果を見ることなく、第3セクター時代のトラウマに縛られ、従来型の入札制度や官民の関係に固執することの方が、大きなリスクや弊害につながる可能性が高い。IoTのような新しいシステムを導入するに当たっては、新しい官民協働の仕組みにチャレンジすることと、われわれはそのための十分な経験を積んできたという自信を持つことが大切だ。

2

公共IoTの立ち上げプロセス

　前節での理解を前提とし、前章で示した「教育IoT」を例に、IoTシステムの立ち上げ方法を大きく6つの段階に分けて考えよう（**図4-4**）。

第1段階：サービスの理念やコンセプトの設定

　まず初めにやらなくてはいけないのは、教育分野でどのようなことが問題になっており、将来どのような姿を目指したいかを考え、問題を解決するための新しいサービスの理念やコンセプトを明らかにすることだ。その上で、サービスのアウトカムを定める。

　上述した教育IoTのシステムを例にすると、特に地方部における公立学校の教育環境の維持が問題となっており、安全・安心な教育環境下で生徒が一流の教育を受けられることがアウトカムとなろう。そのために、生徒に一流

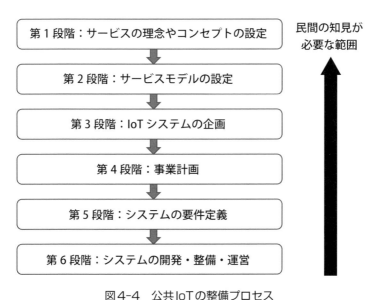

図4-4　公共IoTの整備プロセス

の教育コンテンツと指導方法が提供され、生徒が常時見守られ、先生が本来の教育以外の諸事から解放されて生徒と接することができる、などの目標を定める。

第2段階：サービスモデルの設定

上述したアウトカムを実現するために、第3章の内容とやや重複するが、以下のようなモデルを考える。

- 生徒に対しては、全国的な評価を得た教育コンテンツと、それに基づく指導方法を提供する。
- 上記のために、生徒にタブレットを配布して教育コンテンツを提供し、先生や教育提供機関と双方向で回答、質問ができるようにする。
- 先生は教育のコンテンツを前提に生徒との対話や指導に注力する。
- 先生を授業以外の諸事から解放する。先生の事務業務も汎用コンテンツを用いて効率化する。課外活動については、意欲のある外部人材と専門的知見を活用する。
- 教育環境を見える化し、何か起こった場合などの説明性を高める。また、生徒の見守り機能を高める。

こうした点を機能要件とするシステムを設計するに当たり、まず、関係する人、組織、あるいはタブレット、携帯がどのように結びつき、どのような情報のやり取りを行うかを表現した図を作成すると、サービスモデルをシステムに反映しやすい。

第3段階：IoTシステムの企画

上述したサービスの条件を満たすIoTシステムを企画する。前項で作成した関係する機関の関連図に基づいて、システム図を作成する。また、システムに求められるユースケース、収集するデータ、活用するコンテンツなどを具体化した上で、システムの構築方法を考える。

システムを計画する際の1つのポイントは、クラウド上に出回っているアプリケーションをできるだけ使うようにすることだ。IoTのシステムは数が多いから、1つひとつをオーダーメードしていたら、手間もコストも膨大になる。オーダーメードを前提として日本中の自治体にIoTのシステムが広が

ることは考えられない。土木建築物や従来のオーダーメードのシステムのように、自治体とシステムが1対1に対応することはないのがIoTシステムだ。

第3章の図で示したように、IoTのシステムは、実際の活動が行われデータが生まれてくるエッジ層、ユーザーのフロントとなって守秘性の高いデータの蓄積、分析、分析結果の表示などを行うフォグ層、汎用のアプリケーションでデータの蓄積、分析を行うクラウド層に分かれる。システムのユーザーは、サービスプロバイダーが用意したポータルから自身のIDに応じたシステムを利用する。特に、教育や医療のように汎用性の高い分野では、サービスの多くが汎用アプリケーションによることになるだろう。一方で、第3章に示した観光や農業のようなシステムには、ある程度の自治体独自でつくり込む面があるし、それがあってこそ各自治体が独自の施策を展開できる。この場合は、フォグ層に最小限のアプリケーションとポータルを作成することになる。

こうしたIoTシステムの構造を明らかにした上で、前項で検討したサービスがどのように実現されるかを明らかにする。

第4段階：事業計画

前段階で企画したIoTシステムを実装するため、以下の点を検討する。

第1に、前の段階で策定したシステムの企画に従って、システムを構成する設備、機器、ソフトウェア、業務の概要と求められる性能を明らかにする。その上で、これらを調達し、システムとして構成する事業者の役割と求められる素養を定める。

第2に、システムの運用段階での保守運用、先生や生徒に対するサービスなどの内容を明らかにする。IoTシステムの場合、システムの開発を担う事業者と運用を担う事業者は原則、同一と考えるのが妥当だろう。どのようなサービスを提供するかを考えてシステムを開発するのであれば、運用段階でシステム開発の際に定めた目論見を実現してもらうべきだからだ。将来、日本中に教育IoTが普及して、汎用のパッケージが豊富に普及するようになれば、システム開発と運用を分けることも考えられるが、当面は開発・運用・サービスを一体とした方がいいだろう。

第3に、システムの運用期間を検討する。どのくらいの期間システムを運

用するか、その期間に起こり得る教育現場のニーズや世の中の技術レベルに合わせたグレードアップに、どのように対応するかを検討する。この辺りの検討不足も公共IoTのベンダーロックの原因の1つとなった。

　第4に、システムの開発、運用、サービス提供に関するコストを想定する。ここでコストは3つに分かれる。1つ目は、当初のシステムを開発するためのコスト、2つ目は、開発したコストを一定期間サービスも含め運用していくためのコスト、そして、3つ目は、教育現場のニーズや世の中の技術レベルに合わせたグレードアップをすることによって生じるコストだ。3つ目のコストについて、将来IoTの技術がどのくらい進化し、どのような機能が追加され、技術革新や市場拡大によってどのくらい単価が下がるかによるため、正確に想定することは難しい。それを前提に、コスト想定の信頼性を高めるには、過去のITのコスト変動パターンに倣って変動を想定する、コストが低い・高い場合などいくつかのパターンを想定するなどが考えられる。

　第5に、システムを運用することによる効果を想定する。効果にはいくつかの種類がある。まずは、システムの導入により明らかに削減されるコストだ。教育IoTでは比較的少ないが、たとえば教材費が削減される。次は、リスク回避の効果だ。たとえば、生徒の熱中症で倒れるリスクが減れば、顕在化した場合に起こる生徒の健康面での損害、学校側の経費、時間、講義の質などの損失を回避できる。本来支払うべきコストを回避できる効果もある。先生が慢性的に過剰労働を強いられている原因は人員の増強など、本来学校側が負担すべきコストを負担していないからである。システムの導入によって先生が過剰労働から解放されることは、学校側が本来負担すべきコストから解放されたことを意味する。最後は、教育効果である。数字にするのは難しいが、この効果が最も大きいはずだし、本来この効果こそシステム導入の最大の目標とされるべきである。

　これらの効果をできるだけ定量化し、定量化が難しいもの、あるいは定量化すると効果の評価を矮小化するもの、については定性的な効果を明文化しておくことが必要だ。IoTに限らずITの導入効果は、たとえば省エネ、省力化のように定量化できないものが多い上、時間をかけて顕在化する傾向がある。そうした効果を実現するためには、システムの導入当初から期待される効果を明らかにし、それを念頭にシステムを運用していくことが重要にな

る。

　以上をIoTシステムを使ったサービスの事業計画として取りまとめ、自治体は庁内での事業の承認を得て、予算を確保する。

第5段階：システムの要件定義

　第4段階の事業計画を実行する事業者を特定する条件を定める。その上で、既存の入札制度にとらわれず、透明性、説明性、公平性などを前提とした方法で事業者を特定する。当該事業者は第3段階のシステム企画に基づいて、エッジ層、フォグ層、クラウド層で用いられるセンサー、端末、サーバー、データベース、アプリケーションの性能、個数などを改めて整理する。その上で、事業計画の内容を前提として、それぞれに求められる性能、能力、基本仕様などを要件として取りまとめる。

　第4段階までのIoTシステムを構成する設備、機器、ソフトウェア、業務はIoTシステムを調達する立場にある自治体からの要求性能であるのに対して、ここで定めるのはIoTシステムを開発、運用する事業者が自らの責任で設定する要件である。事業計画に定められた要求性能にそぐわない点があるのは当然だから、事業計画とのすり合わせ・調整が不可欠となる。

第6段階：システムの開発・整備・運営

　事業者は第4段階、第5段階で検討した効果とコストを念頭に、システムの開発・運用、サービス提供の計画を策定する。IoTに限ったことではないが、ITのコストの回収と効果の享受は長期かつ多分野にわたる。きちんとした効果創出の計画を立て、それを毎年度フォローしていかなければ、IoTシステムの導入費用だけが嵩み、結果として自治体の財政が圧迫されることになる可能性もある。また、IoTシステムに関する技術は毎年進化するので、計画を定期的にアップデートすることも重要だ。第4段階ではIoTシステムの導入に関わるコストは技術の進化などにより、開発当初は想定し難いと述べた。こうしたコストを吸収し、場合によっては開発当初に考えていなかった機能やサービスを追加し、IoTシステムの効果を拡大するためには、自治体側と事業者が協力し合って、計画内容を積極的にアップデートしていく協議の仕組みをつくることが必要となる。

3 公共IoTにおける官民の役割分担

　自治体である限り、IoTシステムに関する要件を公に示し、それを調達するための予算を確保し、公正な手続きを経てシステムの開発・運用を担う民間事業者を選定することに変わりはない。その具体的な方法について述べる前に、ここまで述べた段階で自治体がどのような役割を担い得るかを考えてみよう。

第1～6段階で担う自治体の役割

第1段階：サービスの理念やコンセプトの設定

　ここは、地域住民への公共サービスの責任を担う自治体が何としても担わなくてはいけない。ただし、たとえば教育のあるべき姿を語る上にはかなりの知見が必要だ。理念やコンセプトの起点となる現状の問題点については、教育に関するさまざまな調査資料や専門家の助言などを得ることで把握できる。どのような方向を目指すべきについては、国内外の先進的な教育の事例だけでなく、新しい技術でどのような教育が可能になっているかに関する知識も必要になる。問題点の把握より高い専門性や想像力が求められるが、国内外のレポートを分析したり専門家の助言を得たりすれば、まとめていくことができるだろう。

　以上から、第1段階は専門的な知識は求められるものの、これまでの事業の委員会方式などにより、自治体がまとめていくことができそうだ。ただし、革新技術を使った次世代指向のサービスづくりを目指すのであれば、やぼったくならないように、先進的な知見を持っている民間事業者の知見を反映できる仕組みを考えなくてはいけない。

第2段階：サービスモデルの設定

　サービスの理念やコンセプトに従ってIoTシステムを使ったサービスモデ

ルを検討するには、IoTを使った先進的なサービスやIoT関連の技術に関する専門的な知見が必要だ。ここでは、そうした知見のほとんどは民間事業者が持っており、実際にサービスを提供する事業者によってシステムの考え方に違いが出てくることを念頭に置かなくてはいけない。第1段階と同じように、いわゆる有識者のウェイトが高い委員会で検討していくのは難しい題材である。

　サービスモデルを設定するためには2つの方法が考えられる。1つは、IoTのシステムや市場動向に詳しい専門家やコンサルタントが自治体側のニーズと、技術や市場の動向を睨みながらモデルを組み上げていく方法である。この場合も、専門家やコンサルタントの独自の考え方が反映されることになる。

　もう1つの方法は、専門家やコンサルタント、あるいは専門的な知識を持った自治体職員が、IoTシステムのサービスを提供してくれる民間事業者と対話しながらモデルを提示してもらうことである。調達手続きとしては、どちらもあり得る。

第3段階：IoTシステムの企画

　第2段階で示した2つの方法のうち、専門家やコンサルタントがモデルを組み上げる方法を選択するのであれば、システムの企画も彼らが書くことになる。一方で、IoTシステムのサービスを提供する民間事業者と対話するのであれば、当該の民間事業者がシステムの企画を書くことになる。いずれにしても、この段階になると、自治体は内部によほどの専門家を抱えていない限り、専門家やコンサルタントに業務の支援を求めざるを得なくなる。

第4段階：事業計画

　ここはIoTシステムを使った公共サービスの事業計画だから、自治体が積極的に関与する必要がある。たとえば、IoTシステムを導入することで、どのような効果が期待できるかを一番よく知っているのは本来自治体のはずだ。仮に、優秀なコンサルタントを雇ったとしても、自治体が提供した情報に基づいて分析するしかない。一方で、IoTシステムを提供してくれる民間事業者の素養などに関する情報は、専門的な知識を持っている専門家やコンサルタントに頼らざるを得ないから、自治体と専門家でチームをつくって臨

むべき段階である。
　IoTシステムの効果創出には時間がかかること、サービスに対するニーズの変化や技術の進歩でシステムのアップデートが必要なことから、システムの立ち上げ後についても、こうしたチームの機能をいかに継続するかも検討する必要がある。

第5段階：システムの要件定義
　ここで検討するシステムの要件の対象は、自治体のために新しくつくるアプリケーションやポータルと、サービスを提供するために市場から調達するアプリケーションに分かれる。前者の要件については、事業計画に従って協議することになるが、後者については、自治体が特定のアプリケーションを指定しない以上、事業者が自治体が示すサービスモデルやサービスの要求水準に従って、自らの判断と責任で決める。
　こうしたプロセスのために、自治体側では自らが提示する条件と事業者の提案をすり合わせるための対話や、事業者の提案を評価することが必要になる。事業者の知見を上手く活用するにしても、IoTに関する専門的な知見が必要なため、自治体は専門家やコンサルタントの力を借りざるを得ない。

第6段階：システムの開発・整備・運営
　事業者はどのようなサービスを提供するかを前提にアプリケーションやセンサーを調達するから、システムの運用とサービスの提供を分割することは考えられない。システム開発と運用を分割したり、開発とアプリケーションの調達を分割すれば、開発されたシステムと運用の間、あるいはシステムやアプリケーションの間の不整合のリスクは自治体が取らなくてはならない。再三述べているように、自治体にはIoTに関する専門的な知見がないため、こうしたリスクを取ることはできない。また、専門家やコンサルタントのような助言者は、原則自らの助言でできたシステムのリスクは取らない。
　したがって、IoTシステムを使ったサービスを提供する事業者は、システムの構築、アプリケーションやセンサーの調達、センサーの装着、システムの保守運用、更新、そしてこれらを使ったサービスの提供を一括して手がけることになる。

AI/IoT時代の自治体の役割

　こうしてIoTシステムについては、多く業務を民間事業者に任せることになるのだが、自治体には重要な業務が残っている。まずは、IoTシステムを使って地域住民向けにサービスを提供する主体となることだ。教育IoTの例では、民間事業者が教育コンテンツの提供や回答の分析、指導方法の提供など、教育に関わる重要な役割を担う。しかし、だからと言って住民向けのサービスの主体が民間事業者に移るわけではない。教育IoTであれば、生徒に対する教育の前面に立つのは公立学校の先生である。IoTシステムは教育の質を上げ、先生に生徒に向かい合う余裕を持たせ、先生を過剰労働から解放するためのツールである。先生はこれを使って、生徒にどのように向かい合うかを考えることになる。まさしく、AI時代における自治体職員の新たな役割と言っていい。

　コンテンツの良し悪しや回答の正否などはIoTシステムにかなり任せられるようになるのだから、先生には教室でしかできない教育効果を上げることが求められる。たとえば、生徒間、生徒と先生の間での対話を活発にして、個人がシステムに向き合っているだけでは得られない気づきや学びが得られるように促す。あるいは学習の進捗に不安を持っている生徒や学習に集中できない生徒とのコミュニケーションや支援、あるいは教室内でのイベントの企画やコーディネーション、といった役割が考えられる。個々人の学習については、IoTシステムに任せられるところは任せ、生徒が通いたくなる学校や教室づくりを進めればいい。

　自治体側に求められるもう1つの重要な役割は、民間事業者のサービスのモニタリングだ。公費を使って導入するシステムであるから、当初の理念やコンセプトに従って期待した効果を発揮しているかどうかを評価するのは自治体の義務でもある。これについては、システムの直接のユーザーである現場の先生、学校長をはじめとする学校の運営責任者、さらには専門家やコンサルタントなど専門知識を持った人材などからの多面的な評価を受ける仕組みが必要だ。こうした仕組みがあることが、システムの良否を評価するだけでなく、システムの改良やアップデートをタイムリーに行い、当初目論んだ成果を実現することにつながる。

官民協働の3つのパターン

さて、ここまで述べたようなIoTシステムの事業について、自治体と民間事業者はどのように付き合っていけばいいだろうか。その前提となるのは、IoTに関する十分な知見を持たない一般の自治体が独自でIoTシステムの立ち上げから運用、サービス提供までを手掛けるのは現実的ではないため、民間とがっぷり四つに組んだ協働が不可欠になるという理解だ。そうした前提に立つと、自治体と民間事業者の協働は3つのパターンに分かれる（**図4-5**）。

パターン1：専門家活用型

第1段階からIoTに詳しい専門家やコンサルタントを雇い、システムの開発から運用、サービスの提供までを手掛ける事業に関する要求水準を策定

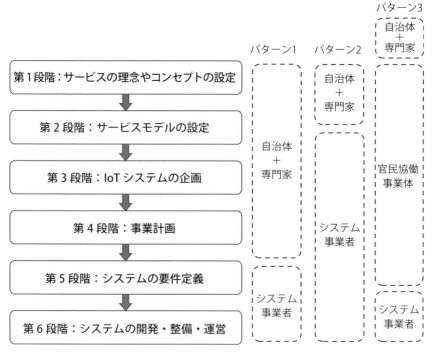

図4-5　公共IoTの整備体制のパターン

し、それに従って民間事業者を選定する。基本的にはPFI事業などと同様の体制とプロセスである。これまでの公共調達の流れに沿った調達方法であるため、受け入れられやすいが問題もある。

ここでは専門家と言っても、IoTシステムが求められる社会的な環境、システムの企画や要件定義、調達手続き、契約交渉などに多岐にわたる業務とそれに関わる専門知識が必要になるので、委員会に大学の先生や専門家を並べただけでは事足らず、豊富な人材を擁するコンサルタント会社と契約することになる。

その結果、専門的な知見を有し多岐にわたる事業をこなせるコンサルタント会社を雇うことになり、コストはかかる。公共調達について専門的なコンサルタントを雇うのは正しい選択肢だが、コンサルタントへの支払いを含めた立ち上げの諸経費は投資額に連動するのが普通だ。IoTシステムの開発にも相応のコストがかかるが、施設の建設費などに比べると小さいため、投資対比でコンサルト会社への支払いの比率が大きくなるのは避けられない。個別の自治体がこうしたコンサルタント会社と契約するのは負担が大きい、日本中の自治体のIoTシステム整備を支えるだけの専門的なコンサルタントがいない、という問題もある。

入札制度の問題点

日本の入札制度には以下のような前提がある。

1つ目は、公共側に民間事業者のサービスを調達するための仕様を書くだけの能力があるということだ。自治体にはIoTに関する十分な知見がないので、この前提を成り立たせるためには上述したように専門のコンサルタントを雇うことが必要になる。

2つ目は、民間事業者が提供するサービスの内容やコストを公共側が予想し得ることだ。IoTシステムの場合、サービスモデルを描いた段階でサービスの質や効果の大きな部分が決まる。専門的な知見を持ったコンサルタントを雇っても、IoTのような新しい技術を使ったサービスを十分に予想して骨格部分を決められるわけではない。

3つ目は、公共側が公告すれば複数の民間事業者が応募して競争が成立

し、より廉価で質の高い提案を競うことである。公共ITの分野では民間事業者の選別や棲み分けなどの影響もあり、競争性が低下しており、実質1社入札になっていることも少なくない。自治体向けのIoTシステムの構築、運用、サービス提供を担える民間事業者の数が限られていることから、IoTでも高い競争を前提とした調達を行える状況にはない。

4つ目は、公告時点で決めた条件について原則大きな変更はできないことだ。設計図を描けば調達対象物の内容がほぼ決まり、その後の維持管理の内容もおおむね予想できる土木建築物を念頭に置いた前提だが、すでにPFI、サービス調達、コンセッションなどでこうした前提は成り立たなくなっている。IoTシステムではなおさらだ。

IoTシステムの調達では、こうした日本の入札制度が崩れつつあることを前提としないといけない。制度を四角四面に受け入れて、従来どおりコンサルタントを雇ってIoTを使ったサービスの調達条件を公示する、という形にとらわれると、IoTシステムを使ったサービスを制約し、取らなくてもいいリスクを取ることになる。

パターン2：民間事業者主体型

候補者となる民間事業者を第2段階辺りから参画させて、サービスモデルやシステム企画を考えもらい、さらには事業計画のための検討にも参加してもらう。IoTのような革新技術を使ったサービスについて、最も先端的な知見を持っているのは、日々革新技術と睨めっこしながらビジネスを考えている事業者である。例外を除けば、コンサルタントや有識者はそうした現場の動きを追っかけている立場である。一民間事業者の意見を鵜呑みにすることはできないから、自治体が専門家やコンサルタントの助言を受けることが必要だが、彼らがIoTについて事業者の可能性を引き出すための条件を設定し切れるわけではない。

一方で、上流側から民間事業者を引き込むとIoTでもベンダーロックに嵌るのではないか、という懸念も生じる。民間事業者は、自分が事業者として採用されるという期待なしに、サービスモデル、システム企画、事業計画に関する有用なアイデアを出すことはない。つまり、上流側から民間事業者の能力を活用しようと思えば思うほど、早い段階で民間事業者にコミットしな

くてはならないというジレンマに陥る。

　もう1つ言えるのは、そうしたジレンマを解消する手段があったとしても、それを中小の自治体に求めるのは無理があるということだ。悪くすれば、中小自体が今まで以上の民間依存に陥る可能性もある。

パターン3：官民協働企画型

　以上のような観点を踏まえると、公共分野でのIoTシステムの導入に当たって参考になると思われるのは、イギリスにおけるBSFなどの官民協働の仕組みである。BSFをはじめとする最近のイギリスの官民協働の仕組みの要点は以下の3つである。

　1つ目は、事業を個々の施設整備ではなく広域の事業（教育、医療など）でとらえることである。こうした視点を持つことで、個々の施設整備だけでは賄い切れない問題にもアプローチできる。

　2つ目は、その前提で企画段階から民間事業者の知見を導入することである。サービスやITが土木建築などと異なるのは、進化が日進月歩であり、知見の民間依存度が高いことである。上流段階から民間事業者の知見を取り込むことで、効率的で効果的な事業の立ち上げを図ることができる。

　3つ目は、企画と施設整備を伴うプロジェクトを分けていることである。さらに、施設整備のプロジェクトに公共側が関与できるようにしている。これにより、少なくとも計画からシステムの開発、運用までを実質的に一民間事業者に依存するベンダーロックは避けることができる。

　上述した課題を踏まえた上で事業の構造を参考にすると、以下のような仕組みが考えられる。

- IoTによるサービス改革を目指す複数の自治体が、IoTによるサービス改革に関する計画を策定するための民間の事業パートナーを選定する。
- 自治体は事業パートナーとは別に事業への助言、モニタリングを行うための専門家、コンサルタントからなるアドバイザリーチームを組成する。
- 事業パートナーに選定された民間事業者は複数の自治体と共同出資で、IoT関連事業の企画・事業推進の事業体を立ち上げる。自治体はマイナー出資とし、民間事業者が主体的に企画・事業推進会社を運営する。

- 企画・事業推進会社は、出資自治体におけるIoTによる公共サービス改革のための理念・コンセプト、サービスモデル、システム企画ならびに事業計画の案を策定する。
- 自治体は前項の案を前提として、IoTシステムの開発、運用、これを用いたサービスの提供を担う民間事業者をテーマごとに公募する。企画・事業推進会社は自治体の公募を支援する。公募については企画・事業推進会社に出資した民間事業者も参加できるものとする。
- 自治体はあらかじめ定めた基準に従ってシステム開発、運用、サービスを担う民間事業者を選定し、システムの要件定義、事業計画、ならびに契約条件について協議する。企画・事業推進会社はこれを支援する。

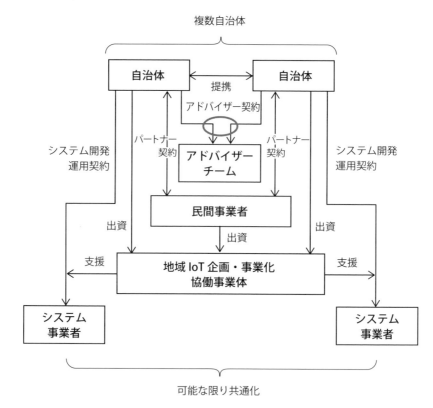

図4-6　官民協働企画型の事業構造

- 選定された民間事業者は協議結果に基づいてシステム開発、運用、サービス提供を行う。
- 企画・事業推進会社は選定された民間事業者の業務をモニタリングし、自治体と協議の上、指導などを行う（図4-6）。

現行制度の柔軟解釈が前提

　こうした方法でシステムを開発、運用、サービスの提供を行うことで、民間企業の知見の上流側からの取り込み、民間主導による事業運営、自治体による監視・助言が可能となる。ただし、ここで述べているIoTシステムの調達も公共調達の一種であるから、現行の入札制度の制約を受ける。たとえば、IoTシステムの開発、運用、サービス提供のための公募に企画・事業推進会社に参画している民間企業が応札することは、入札の公正さを歪めるという指摘があるだろう。しかし、前述したように入札制度の前提が崩れている中で、こうした原則を四角四面にとらえることは、公的分野での事業の付加価値の向上や技術革新を阻み、民間事業者から見た魅力を下げ、結果として国民、地域住民の厚生を減じることにつながる。

　求められているのは、現状を受け入れて入札制度を根本から変えるか、現行制度を柔軟に解釈するかだ。公的事業の現場では実際に入札制度の解釈の柔軟化が進んでいる。たとえば、近年注目されているコンセッションでは、特定の民間事業者が有利になっても、実行力のある事業者を獲得しようという事業者選定が行われている。

　入札は、個別の事業で税金が正しく使われるための制度だ。競争はそのための手段であって目的ではない。従来の入札制度の考え方では、IoTシステムの開発、運営について税金が正しく使われているかを確認することは難しい。入札の段階では、IoTシステムがどのような効果を上げるかがわからないからだ。国民、地域住民の厚生を最大化することを目的にするのであれば、重要なことは投入コストの最小化ではなく、費用対効果の最大化である。IoTシステムでは、どのようなシステムをいくらでつくったかではなく、システムを使ってどのような効果を上げたかが重要になるから、それをフォローする仕組みをつくることが税金を最も効果的に使うことにつながる。

こうした入札制度の現状とIoTシステムの特性を踏まえると、IoTシステムの調達では次の2つの点が重要になる。

1つ目は、付加価値のあるシステムの開発、運用、サービス提供を実現することを重視して、現状の入札制度を柔軟に解釈して事業者を選定することだ。必要であれば、国がそのための指針を提示する。

2つ目は、教育、医療などの分野ごとにKPIを定め、これらのテーマについて、事業ごとに効果の大きさと費用対効果を比較、公表することだ。こうすることで、自治体間のみならずシステムの開発、運用、サービス提供を担う民間事業者の間でも競争意識が芽生える。さらに、IoTシステムを導入している自治体としていない自治体の間でKPIを比較、公表すれば、IoTシステムの効果が広く知られ、導入が促される。

公共IoTのクラウド整備

公共分野でIoTシステムを普及するに当たってもう1つ課題となるのが、クラウド上のアプリケーションをどのように充実するかだ。従来の自治体向けのITシステムのように個々の自治体のニーズを聴いてシステムを組み上げれば、自治体ごとのガラパゴス化が進み、組織内の改革は進まず、ベンダーロックに嵌る。IoTシステムでは、クラウド上の汎用アプリケーションをできるだけ多く活用することが必要だ。しかし、システムの立ち上げ段階ではアプリケーションがない。

こうした鶏と卵の状況を解決するのが、公的資金による公共IoTのアプリケーションへの投資である。たとえば、以下のようなスキームが考えられる。

- 教育、医療など、自治体間での共通性と期待効果が高い分野を複数選定する。
- 対象分野において理想的なサービスモデルを検討した上で、モデルとなるシステムの企画を策定する。
- モデルのシステムを構成するいくつかの汎用アプリケーションを定義し、汎用アプリケーションの開発に関する公募を行う。
- 個々の汎用アプリケーションの開発について複数の落札者を選定する。

・汎用アプリケーションの著作権については国と開発者で共有し、国は一定の条件の下で著作権を供与できることとする。
・国は汎用アプリケーションを集めたクラウドを開設する。
・自治体は、汎用アプリケーションを開発費用に見合った料金で利用することができる。

こうして汎用アプリケーションの開発リスクを国が取った上で、自治体に導入を促せば、IoTシステムの普及を後押しすることができる。

4

日本が主導する公共IoT市場

AI/IoTの2つの方向性

　本書の前段で述べた革新技術による格差拡大の是正は、世界中の国にとって重要な政策課題となる。そのための仕組みを考え実行した国の事例は、世界中から注目されるようになるはずだ。AI/IoTの時代は、まず、民間企業により、より便利に、より効率的に、より効果的に、というポジティブな革新技術の効果が競われた。しかし、それを得た人と得ない人の差があまりにも大きいため、これからはAI/IoTの社会的な負の効果を解消するための取り組みが必要になる。そのための重要な施策が、公共分野でのIoTであることはすでに述べた。つまり、公共分野のAI/IoTは社会システムの改革という面でも、革新技術による格差の是正という面でも、多くの国に共通する課題の解決を先取りした施策と言える。そして、重要なのは、公共IoTには日本がAI/IoTという革新技術の世界でリードできる可能性があるということだ。

　より便利に、より効率的に、より効果的に、を競うAI/IoTの競争では日本は米国のみならず、欧州、さらには中国にも後塵を拝した。強力なIT企業が不足していたことも理由だが、システムを受け入れる民間企業が改革に保守的だったなど、AI/IoTを受け入れる社会側の問題もあった。一方、公共分野のAI/IoTについて見ると、システムを供給する側の状況は大差ないかもしれないが、受け入れ側では期待できる面がある。

　まず、第1章で述べたような大都市部との格差問題などが顕著となり、特に地方部の自治体では、将来に向けた閉塞感を何とか解消しなくてはいけない、という危機意識が高まっている。

　次に、公共財政は好転する見込みもなく、技術革新などに対応するための人材の確保もままならない中で、これまでのやり方では上手くいかない、という板挟み状態への理解が共有されつつある。

　こうした機運が公共分野でのAI/IoTの導入を後押しするとすれば、いわ

表4-1　電子政府関連の政策などの流れ

時期	政策
1994年	行政情報化推進基本計画
1995年	高度情報通信社会に向けた基本方針
1997年	行政情報化推進基本計画
1998年	高度情報通信社会に向けた基本方針
1999年	ミレニアムプロジェクト
2000年	IT基本戦略
2001年	e-Japan戦略
2003年	e-Japan戦略 II 電子政府構築計画
2006年	IT新改革戦略 電子政府推進計画
2009年	i-Japan戦略 2015
2010年	新たな情報通信技術戦略

出所：官邸HP

ゆる課題先進国としての日本のアドバンテージを活かすことになる。

公共IoTの日本の蓄積

体制面で期待できる面もある。

1つ目は、1990年代からの自治体の電子化や2000年代の電子政府、電子自治体関連の活動で公共分野のIT普及のための基盤があることだ（**表4-1**）。20年来の実績のある自治体と官民協働の活動基盤が上手く機能すれば、AI/IoTについても普及の追い風になる。

2つ目は、日本の行政機能の高さだ。海外に行ってみると、日本の行政機関の能力の高さを実感するし、それが日本の社会、地域振興を支えてきたこともよくわかる。優秀な行政機関は、1つ間違えばAI/IoTによるサービス革新の抵抗勢力になる恐れもあるが、今の日本の地方の状況を考えると、行

政能力の高さが普及の強い味方になる方に賭けるしかない。

　3つ目は、住民の協力姿勢だ。災害時の整然とした住民の対応や協力姿勢は世界中から評価されている。AI/IoTを利用して公共サービスを改革するに当たっては、サービスの受け手である地域住民の合意や新しい仕組みをブラッシュアップしていくための協力が欠かせない。AI/IoTという革新技術を使うにしても、サービスの良し悪しはサービスの供給側と受け手側の双方向のやり取りが重要であることに変わりはない。公共IoTでは住民との協調モデルが強みになるのだ。この点で日本の地域住民の協力姿勢は世界に誇り得るレベルにある。

　4つ目は、日本の公共サービスの質の高さだ。日本でPFIなどが導入されてしばらくして、海外のアウトソーシング会社のトップを面談する機会があった。そこで、日本の公共分野のアウトソーシング市場への関心を尋ねたところ、「日本の公共サービスの質は高く改善の必要は少ない。質に改善の余地がない市場に参入するとコスト競争に陥る可能性が高い」として参入に慎重な姿勢を示した。日本の公共サービスの質の高さは国際的にも有名なのだ。AI/IoTが無から新しい公共サービスを生み出すわけではない。質の高い公共サービスが存在していることは、AI/IoTを用いて公共分野で質の高いサービスを生み出すための大きな強みになる。

信頼を商品に

　筆者は10年以上、毎月のように中国、東南アジアの市場に足を運んでいる。この10年間で東アジア地域の経済レベルは飛躍的に向上した。富裕層はもとより、消費をリードする中間層が大きく拡大し、普段利用している電化製品、WEB上のサービスなどはわれわれ日本人とほとんど差がなくなった。物質的な要求はかなり充たされてきており、より高い充実感、生活の質などに対する欲求が急速に高まっている。最近、アジア諸国から日本への観光客の数は鰻登りだが、中国、東南アジアの知り合いに聞くと、例外なく評価するのは食事、街並み、施設の整備具合、サービスなどに関する日本の質の高さだ。われわれが日頃親しんでいる質が高く信頼できる社会環境こそ、日本の最大の観光資源なのである。

10年前は、アジアのほとんどの人が畏敬の念を持って日本の技術を仰ぎ見た。しかし、アジア企業が成長したことで日本との技術力の差は確実に縮まり、いくつかの分野では、韓国、中国、台湾、シンガポールなどの企業に技術的に凌駕されるようになっている。日本の技術力が今なお世界のトップレベルにあることは確かだが、技術力だけで売れる時代が終わったことも間違いない。一方で、製品の性能や耐久力、あるいは何かあった場合の対応、さらには一緒に仕事をしている際の時間やコストでの約束を守る姿勢、間違いがあった場合の真摯な姿勢などに関する日本への信頼感は、アジア勢の参加により市場で競争する企業の数が増えた分だけ、際立つようになってきたように思える。

　アジア勢が一定の性能を持った製品をつくれるようになっても、製品、サービス、仕事の仕方などについて顧客や市場の信頼を得るようになるためには長い道のりがある。それは企業の社内教育だけでなく、社員1人ひとりが育った社会環境、文化、教育などの影響を受けているからだ。富裕層、中間層が自分の家の中を整然と高機能にできても、社会が整然とし、さまざまなサービス、インフラが信頼できるようになるまでには長い時間がかかる。

　日本を訪れる多くの観光客が評価する日本人の対応、アジアのビジネスマンが評価する日本のビジネスマンの働きぶりが、世界が評価する災害時の日本人の対応などと根底でつながっているのだとすると、アジア諸国が日本と同じような信頼性を実現するのは容易なことではない。ある企業が実現したとしても、国として評価されるようになるには長い年月と努力が要る。

信頼が拓く新たな市場

　メディアなどでの情報を見ると、日本は技術ばかりに自分たちの強みを求める段階からいまだに脱していない面がある。信頼という得難い評価を具体的な形でとらえ、それをビジネスに反映するのは簡単なことではない。形だけに目が行ってしまえば、一部の「日本らしさ売り」のような失敗に終わるリスクもある。

　本書で指摘している、大都市と地方、富裕層・中間層とその他の層、との格差について、中国、アジア諸国は日本より大きな問題を抱えている。塀に

表4-2 住民生活を支えるインフラ・サービス

民間サービス	・民間主導で住民向けに提供されるサービス ・日本には質の高いサービス事業者が存在 ・ITのアプリケーションでは遅れる面も
生活インフラ	・教育、医療、介護、衛生など自治体により提供される住民向けサービス ・日本の生活インフラに対する評価は高い
基礎インフラ	・道路、鉄道、エネルギーなどの社会基盤 ・PPPの分野では国が関与しBOTにより整備が進む ・日本の競争力は高くない

囲まれた地域の豊かさを社会一般にいかに広げるかは、これらの国が経済力、国民生活の質の面で確実に成長していくための避けて通れない課題だ。当地の心ある行政マンと話せば、そうした認識は容易に確認できる。裏道に行っても、地方に行っても、社会インフラが整然とし、サービスが行き届き、人々が豊かである日本の状況に感銘する姿の背景にはそうした認識がある。そこには欧米諸国にも追いつけない日本の強みがある（**表4-2**）。

　AI/IoTを使った公共サービスは、日本への信頼を商品にすることができる有力な手段である。技術先進国としてAI/IoTという革新技術を使った信頼性のあるシステムをつくり、アプリケーションやサービスに行き届いた配慮を詰め込み、日本ならではの自治体、企業、住民の協働で包み込むことができるからだ。

　日本が直面する課題の解決からスタートした公共IoTは、グローバル化の経済や革新技術の波を世界中のどこよりも強く受けるアジア地域で、日本の新たなポジションを見出す取り組みにつながる可能性がある。

〈著者略歴〉

井熊　均（いくま　ひとし）
株式会社日本総合研究所
専務執行役員　創発戦略センター所長

1958年東京都生まれ。1981年早稲田大学理工学部機械工学科卒業、1983年同大学院理工学研究科を修了。1983年三菱重工業株式会社入社。1990年株式会社日本総合研究所入社。1995年株式会社アイエスブイ・ジャパン取締役。2003年株式会社イーキュービック取締役。2003年早稲田大学大学院公共経営研究科非常勤講師。2006年株式会社日本総合研究所執行役員。2014年同常務執行役員。環境・エネルギー分野でのベンチャービジネス、公共分野におけるPFIなどの事業、中国・東南アジアにおけるスマートシティ事業の立ち上げなどに関わり、新たな事業スキームを提案。公共団体、民間企業に対するアドバイスを実施。公共政策、環境、エネルギー、農業などの分野で60冊を超える書籍を刊行するとともに政策提言を行う。

井上　岳一（いのうえ　たけかず）
株式会社日本総合研究所
創発戦略センター　シニアマネジャー

1969年神奈川県生まれ。1994年東京大学農学部林学科、2000年米国Yale大学大学院修了（経済学修士）。農林水産省林野庁、Cassina IXCを経て、2003年に日本総合研究所に入社。2010年から同社創発戦略センターで、「森のように多様で持続可能な社会システムのデザイン」を目指し、官民双方の水先案内人として、インキュベーション活動に従事。現在の注力テーマは、次世代モビリティをテコにしたローカルエコシステムの再構築。法政大学非常勤講師（生態系デザイン論）。共著書に『「自動運転」ビジネス　勝利の法則』（日刊工業新聞社、2017年）、『MaaS』（日経BP社、2018年）などがある。

木通　秀樹（きどおし　ひでき）
株式会社日本総合研究所
創発戦略センター　シニアスペシャリスト
1964年生まれ。1997年、慶応義塾大学理工学研究科後期博士課程修了（工学博士）。石川島播磨重工業（現IHI）にてニューラルネットワーク等の知能化システムの技術開発を行い、各種のロボット、環境・エネルギー・バイオなどのプラント、機械等の制御システムを開発。2000年に日本総合研究所に入社。現在に至る。環境プラント等のPFI／PPP事業では国内初となる事業を多数手がけ、スマートシティの開発事業の立ち上げ支援、新市場開拓を目指した社会システム構想づくり、国内外でのエネルギーシステムの開発、再生可能エネルギー、資源循環、水素等の技術政策の立案を行う。著書に「大胆予測　IoTが生み出すモノづくり市場2025」（共著、日刊工業新聞社）、「IoTが拓く次世代農業　アグリカルチャー4.0の時代」（共著、日刊工業新聞社）など。

公共IoT
地域を創るIoT投資

NDC335

2018年11月27日　初版1刷発行

定価はカバーに表示されております。

©著　者	井　熊　　　均
	井　上　岳　一
	木　通　秀　樹
発行者	井　水　治　博
発行所	日刊工業新聞社

〒103-8548　東京都中央区日本橋小網町14-1
電話　書籍編集部　　　03-5644-7490
　　　販売・管理部　　　03-5644-7410
　　　FAX　　　　　　　03-5644-7400
振替口座　00190-2-186076
URL　　http://pub.nikkan.co.jp/
email　info@media.nikkan.co.jp
印刷・製本　新日本印刷

落丁・乱丁本はお取り替えいたします。　2018　Printed in Japan
ISBN 978-4-526-07899-6　C3034

本書の無断複写は、著作権法上の例外を除き、禁じられています。